深度核机器学习技术及应用

刘　冰　尹洪涛　付　平　主编

北京工业大学出版社

图书在版编目（CIP）数据

深度核机器学习技术及应用 / 刘冰，尹洪涛，付平
主编 . — 北京 ：北京工业大学出版社，2019.11（2021.5 重印）
　　ISBN 978-7-5639-6885-5

　　Ⅰ . ①深… Ⅱ . ①刘… ②尹… ③付… Ⅲ . ①机器学
习 Ⅳ . ① TP181

中国版本图书馆 CIP 数据核字（2019）第 145773 号

深度核机器学习技术及应用

主　　编：刘　冰　尹洪涛　付　平
责任编辑：任军锋
封面设计：点墨轩阁
出版发行：北京工业大学出版社
　　　　　（北京市朝阳区平乐园 100 号　邮编：100124）
　　　　　010-67391722（传真）　　bgdcbs@sina.com
经销单位：全国各地新华书店
承印单位：三河市明华印务有限公司
开　　本：710 毫米 ×1000 毫米　1/16
印　　张：11
字　　数：220 千字
版　　次：2019 年 11 月第 1 版
印　　次：2021 年 5 月第 2 次印刷
标准书号：ISBN 978-7-5639-6885-5
定　　价：56.00 元

前　言

机器学习技术作为人工智能领域的基础技术之一，一直是电子信息与工程、计算机等领域的研究热点。因此，学术界、工业界都将机器学习技术作为战略研究领域开展学习与研究，机器学习方法也成为相关领域科研人员在解决实际问题时的重要技术手段之一。

核学习技术和深度学习技术作为先进机器学习技术的代表，近年来拥有极高的研究活跃度和应用灵活度，并且已经广泛用于模式识别、工业大数据分析、计算视觉、图像处理等研究领域，深度核机器学习技术研究已成为兼具理论价值和实际意义的研究方向。为了帮助读者透彻理解和掌握上述两种先进机器学习技术，本书作者结合在相关领域应用核学习技术与深度学习技术的工程经验，以机器学习基础理论知识为基石，介绍了支持向量机、多核机器学习及深度学习方法的基本原理与框架，着重阐述了这两种先进机器学习方法的主流算法形式与参数设计策略，并通过仿真实验进行了相关说明。最后，本书结合图像特征提取和遥感图像目标识别等场景说明如何在一个典型应用案例中应用机器学习技术。通过这种理论基础结合实际应用案例分析的模式，可以帮助读者在研究、学习深度核机器学习技术时提供技术支撑。全书分为7章。第1章为绪论；第2章为机器学习基础理论；第3章为支持向量机与多核学习理论；第4章为核机器学习方法；第5章为深度学习方法；第6章为基于深度学习的遥感图像目标识别；第7章为基于多核学习的数字图像分类。各章内容即独立又具有一定相关性，读者可以结合自身知识储备选择性的学习。

本书中的相关内容综合了作者近年来在该领域研究过程中的最新研究成果，作者在研究过程中先后得到了国家自然科学基金、黑龙江省博士后基金、哈工大创新研究基金等10多项国家和省部级的科研项目资助，感谢相关部门对作者研究的支持。此外，在本书的编写过程中，得到了哈尔滨工业大学的李君宝教授、硕士研究生甄玉美，加拿大麦基尔大学的博士研究生王庆龙的支持与帮助，在此表示感谢。

先进机器学习技术博大精深、是一种涉及多学科知识的技术手段，作者自知水平有限，因此书中疏漏之处在所难免，敬请读者批评指正。

内容简介

本书以深度核机器学习技术为对象，介绍了支持向量机技术、多核学习技术和深度学习技术的相关内容，包括基本原理、主流算法形式、参数设计策略及相应的实验分析等，并结合图像特征提取和遥感图像目标识别等场景阐述了先进机器学习的典型应用案例。

本书可供电子与信息工程、计算机等相关专业的本科生、研究生参考阅读，旨在帮助读者透彻理解和掌握深度核机器学习方法中的核学习技术与深度学习技术的基本原理及框架，初步了解深度核机器学习技术的应用。

目　录

第 1 章 绪 论

1.1 机器学习中学习的含义

在机器学习方法中，其所体现的"学习"与多个科学研究领域都有比较密切的相关性，因此人们无法对其提出一个准确无误的定义方法，所以在不同领域的研究人员对学习的定义方法也不同。下面是不同学者从不同的角度出发给出的定义。从系统的角度，西蒙（H.A.Simon）认为："学习能够体现出信号系统的一种适应能力，假设在一个已知系统执行过程中，能够有针对性的改善系统的功能性能指标，那么这就可以看作系统具有一种学习能力。这种改进与学习能力对系统是有意义的，能够帮助系统更加高效地完成工作。"从神经网络的角度，赫金（S.Haykin）认为："学习是一个参数不断变化的过程，这种参数的变化与外界的条件激励有关，学习的方法由激励的方式决定，当外界激励进行刺激时，参数机会自适应的变化，进而最终获得确定。"从模式识别的角度，杜达（Duda）等人认为："最广义地讲，在面向分类任务的科学技术与技巧方面，如果运用了训练案例的手段，就可以看作是一种机器学习的方式。"此外，最新的定义是瓦普尼克（V.Vapnik）提出的，在他的观点下，学习可以这样来描述："为了找到变量之间的相互关系，可以使用一定数量的感知信息进行映射。"学习包括多种多样的特殊的问题，但是对于机器学习领域而言，其可以总结为三个主要问题：第一个问题是用于计算的概率密度估计问题；第二个问题是用于目标发现的模式识别的问题；第三个问题是用于预测函数回归估计的问题。

1.2　机器学习问题的一般描述

人们可以利用系统模型对学习进行描述，进而更为清楚地理解学习的定义。根据学习的定义，学习问题可以被看作是人们为了找到变量之间的相互关系，可以使用一定数量的感知信息进行映射的问题，一种常见的学习表示系统模型示意图如图 1-2-1 所示。

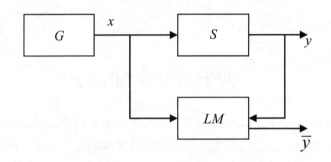

图 1-2-1　学习的一般描述

其中，G 可以看作是感知数据的发生装置，这种数据发生装置的作用是产生随机变量样本值向量 $x \in R$，这种样本值是独立提取的，是一种不变位置的分布情况。S 可以看作是一个训练装置，输入样本值向量 x 进入训练装置后，装置产生一个输出值样本值 y，输出样本值符合一种概率分布，这种概率分布是一种条件形式下的分布函数 $F(y|x)$。LM 代表学习机器的表示形式，它的作用是产生规则范围的映射操作 $f(x, \alpha)$，$\alpha \in S$，在映射操作中，S 是学习参数的组合。学习的目标就是从指明的映射 $f(x, \alpha)$，$\alpha \in S$ 中挑出一个最能体现逼近特征的训练映射函数。训练集需要挑选出多个数据，这些数据是独立的，因此需要使用一种函数联合的方式筛选出来的，具体表示为 (x_1, y_1)，(x_2, y_2)，$\cdots$，(x_l, y_l)。在这种情况下，机器学习问题描述的形式可以为，依据 l 个在分布概率函数上满足一定条件的感知样本向量，在一组映射 $\{f(x, y)\}$ 中求一个最好的映射 $f(x, \alpha)$，在这个过程中系统对训练装置的参数进行判断，保证误差 $R(\alpha) = \int L(y, f(x, \alpha)) \, \mathrm{d}F(x, y)$ 最小，在上式中 $F(x, y)$ 是不可解的，$L(y, f(x, \alpha))$ 表示是损失映射函数，对于各式各样的机器学习问题会有不同表达方式映射损失表达方式 $F(x, y)$。针对学习中的三个问题，即模式识别的问题、回归函数估计问题和概率密度估计问题等三个基本问题来说，损失函数是不一样的，每种损失函数都有自己的描述方式。

在模式识别问题中，描述损失函数的数学表达式为

$$L\big(y,\,f(x,\,a)\big)=\begin{cases}0 & y=f(x,\,a)\\ 1 & y\neq f(x,\,a)\end{cases}\qquad（1\text{-}2\text{-}1）$$

其中训练装置的输出 y 可以看作是一种类型标识，表示为 $y=\{0,\,1\}$ 或 $y=\{1,\,-1\}$。

对于回归函数估计问题，这种问题的损失映射函数可以描述为

$$L\big(y,\,f(x,\,a)\big)=\big(y-f(x,\,a)\big)^2\qquad（1\text{-}2\text{-}2）$$

其中 $f(x,\,\alpha)=\int y\mathrm{d}F(y\mid x)$，训练装置的输出特征 y 可以是一种实数方式的数值，这里让 $f(x,\,\alpha)$，而让 $\alpha\in S$ 表示一种映射集合体。

在概率密度估计问题中，损失映射函数可以描述为

$$L\big(p(x,\,a)\big)=-\log p(x,\,a)\qquad（1\text{-}2\text{-}3）$$

在这里，$p(x,\,a)$ 表示待评价估计的概率密度映射函数。

通过损失映射函数的上述描述，我们能够发现：

①在模式识别学习问题中，学习的目标是获取指示函数，这种函数也可以被称为判别函数，对于这种形式的函数指示，分类过程误差的概率可以体现出期望的风险值。当指示函数输出的响应与训练装置输出的响应不一致时，就可以认为失败，分类是不正确的。在这种情况下，学习问题可以看作是一个过程，在这个过程中寻找的映射，映射体现的是最小误差，支撑映射过程的是概率分布函数 $F(x,\,y)$。

②在回归函数估计学习问题中，学习的目标是降低风险函数 $R(\alpha)=\int L(y,\,f(x,\,\alpha))\,\mathrm{d}F(x,\,y)$ 的问题，在不知道概率分布映射函数 $F(x,\,y)$ 的条件下，保证风险函数有一个最小值。

③对于概率密度估计学习问题，其目标是获知 x 的概率分布，这里系统所依赖的是独立分布的训练样本值，在了解数据分布函数是独立的、同步的条件下，而不知道概率分布 $F(x)$ 条件下，尽量让风险映射函数更小。在不知道、不清楚概率分布 $F(x,\,y)$ 的条件下，可以利用的是感知信息，这种情况是无法计算风险值的。针对上述问题，一些经典的机器学习手段采取一种名为经验风险最小化的基准。而对于一些其他的传统的统计推理方式及神经网络机器学习方法而言，在学习的过程中，其都需要以一种归纳原理为设计基础，这种原理就是经验风险最小化原理，这种方法的代表如最小二乘机器学习方法和最大似然估计机器学习方法等。而在分类问题中，对于损失函数而言，经验风险代

表的物理含义是样本错误率，体现的是训练过程；对于回归估计问题而言，损失函数可通过最小二乘法进行设计，进行风险最小的逼近操作；在密度估计问题中，经验风险最小化准则可以看作是另外一种方式，即极大似然法的方式，进而表达损失函数。

1.3　机器学习的实现

在目前学习的实现方法中，还没有一种学界公认的统一框架，根据目前的国内外研究现状，其大致可分为三种实现方法。

1. 经典的参数统计估计方法

经典的参数估计方法的数学基础就是统计学理论，例如模式识别、参数估计与目标检测、神经网络等性能优异的方法的数学基础就是统计学理论。在应用统计学理论时，人们需要了解感知信息、样本特征的分布函数，通常这是具有大量成本的。除此之外，统计学的研究基础需要样本无穷大，这与实际的情况有很大的出入，因此对于大多数基于样本无穷大的机器学习方法而言，在面向实际应用背景运用时存在很大的应用局限性。

2. 经验非线性方法

经验非线性方法是一种没有足够数学理论支撑的机器学习方法，人工神经网络方法就是其中的一个代表。该方法通过大量的样本构建一种映射模型，这种映射模型是非线性方式的，这种方法有效改变了传统参数估计过程的困境。

3. 统计学习理论

统计学习理论是一种不断持续发展的理论，可以在小样本条件下进行学习，寻找客观规律，这种方式能够满足很多实际应用情况。这是一种新的理论架构，针对的是小样本统计问题，在推理过程中，其既考虑性能指标，还考虑最优结果，是一种基于有限感知样本的寻优方式。

该理论的研究始于 20 世纪 60 年代，到 20 世纪 90 年代中期，这种理论得到了急速发展发展，也开始受到学术界、工业界的广泛重视。在统计学习理论中，一个比较重要的概念是 VC 维概念，这个概念在表达学习性能过程中是一个标准，能够体现出学习的复杂性。以此概念为基础，出现了一系列统计学习方面的理论，包括收敛一致性理论、推广方式理论等。在感知样本一定的条件下，存在一个矛盾，即推广度和精度之间的矛盾，通过使用烦琐的机器学习方式可以保证损失最小，学习效率高，但是在这种情况下，机器学习却不具备泛化性，推广能力极其有限。这里选择分类作为一种案例进行说明，在分类中，推广能力能够体现出对于一组未知的数据仍然具备较高的分类率，能够保证在实际应用中风险较小。假设，在训练过程中，分类器取得了极好的分类效果，但是在面对未知的数据时，分类效果却不佳，进而体现出实际风险很高的特征，虽然在训练过程中的经验风险较小，但是支撑这个分类器的学习方法仍然被认为不具备较好的推广能力。因此，为了提高学习的推广能力，统计理论在提出 VC 维的基础上，又提出了另外一种准则，这种准则被称为 SRM 准则，是一种面向风险结构最小的准则方式。在模式识别问题方法中，对 VC 维的定义描述是，对于一个指示函数集，如果存在 h 个样本，这些样本能够按照所有可能的 2^h 种形式展开，在这种情况下，可以称函数集能够打散 h 个样本。对于函数集，它的 VC 维就体现的是打散的最大样本数目 h。假设对任何给出的感知数据，总能找到函数进行打散，那么我们可以认为函数集的 VC 维具有无穷大的特征。通常，VC 维越大，学习机器方法就越能够体现能力，但是这种情况下，学习机器技术也会越烦琐。不巧的是，在当前，学术界还没有一种统一的 VC 维理论，只存在面向一些具体任务的 VC 维可以详细掌握，如在 n 维实数空间阈值中，具有线性特征的实函数和分类装置的 VC 维是 $1+n$ 的形式。除此之外，神经网络这种极其复杂的学习机器方法，其 VC 维不仅和算法中所选择的函数集合映射有关系，还和具体的学习算法形式有关系。在这种情况下，确定一个方法的 VC 维将是不现实的。因此，在学术圈，对于一个已知的学习映射函数集，有一个问题是当前的前沿方向，那就是如何计算其 VC 维度，这不论是通过理论证明还是实验验证都是热门研究方向。

1.4　学习的基本形式

根据机器学习过程中是否在意感知观测数据的标识，学习可以分为三种形式，第一种是增强学习模式，第二种是有监督学习模式，第三种是无监督学习模式。对于有监督学习模式，在这种学习方式下，外部有一个引导者，这个引导者能够对于特定的输入给出对应的正确结果。对于增强学习而言，其在学习的过程中是需要与外界环境交互的，在整个学习过程中是没有外界引导者提供正确结果的，而是有一个评价者去指导学习的过程。无监督学习模式中，在整个学习过程中既没有引导者也没有评价者去影响学习，学习的依据就是感知数据自身的相关性。

1.5 学习在数据降维上的应用

基于学习的方法主要是用一种维数约简方法进行降维，即对原始样本用映射矩阵进行降维，样本的特征向量是通过降维所得的向量。经典的学习方法有很多，线性映射的学习方法是比较有代表性的方法。线性学习方法的目标是将不同类别样本通过线性手段分开，技术手段是寻找一个映射矩阵，将样本空间在映射矩阵上映射，寻优目标是样本在特征空间内线性可分。这里的例子是两分类问题，如图 1-5-1 所示，在原始空间内的样本是混叠的，该形式通过线性映射的方式及特征空间内二分类问题可以解决，能够将两类样本分开，这种方式在很多实际应用问题中都是有效的，特别是在提取图像特征的过程中有广泛的应用。然而，对于比较复杂的图像内部特征提取情况，比较具有挑战性的人脸识别挑战，对于不同的人，人脸图像的分布是相近的、脸部轮廓信息是近似一致的，还会由于拍摄角度、形态、日光和脸部情绪变化的影响，即使对于同一个人，脸部图像的样本也具有复杂变化的特征，这种复杂变化特征无法简单描述，更不能进行传统的线性变换。此时，以前面所述的两类问题为例，则无法找到最优的分类面将两类样本分开，如图 1-5-2 所示。为解决这个问题，相关学者提出了非线性映射方法，这种方法的第一步是将观测值进行非线性变换，在此基础上再利用线性映射方法获取期望值，这种期望值体现的是一种特征向量。这里的目标是寻找最佳的分类面去分开两个类别，如图 1-5-3 所示。现在的问题是不容易确定非线性映射的数学形式和解析式，相关研究表明，可以通过使用核函数来替换非线性函数，这是一种有效的方法，基于这种方法，计算过程中系统可以直接获取非线性特征，而不需进行非线性映射计算，进而节省了计算资源。因此，在解决非线性特征提取的应用问题上，核方法被认为是一种有效的手段，这种核方法具有较低的计算复杂度、实际应用效果好、具有一定的应用性等特点，目前已经在工业界用于非线性特征提取。

我们可以看到，基于机器学习的方法在图像特征提取上应用是非常广泛的，基于图像处理的方法大致可以分基于信号处理理论的方法和基于机器学习理论的两类重要方法。信号处理方法的发展悠久，典型的算法有连续、离散傅立叶变换，Gabor 滤波变换，小波变换处理等。后者是近二十几年兴起的方法，利用维数约简方法进行低维空间映射，将观测数据从原始空间线性映射到某一低维空间后进行处理，在低维空间，数据依然能够反映原始观测数据的内在特征，典型的算法有主成分分析（PCA）、线性判别分析（LDA）、局部保持映射（LPP）、二维主成分分析（2DPCA）、核主成分分析（KPCA）等。基于信号处理的特征提取方法是在变换域内提取特征,强调图像样本的个体信息,其主要用于图像的边缘检测、图像分割、图像的降噪等,而对于图像的识别来说,其主要目的是提取具有最大类区分能力的信息,信号处理的方法有一定不足,即在处理过程中未知样本之间在空间内的统计特征,对于图像数据而言,空间内是存在统计特征的。因此,这种基于信号处理方法的特征提取方法在一定程度上无法满足合图像处理任务。除此之外,基于学习的方法在计算过程中考虑了观测值的统计特征,目标是提取出高能力特征,因此基于学习的方法适合图像识别与分类等应用的图像特征提取任务。因此,基于学习的图像特征提取逐渐受到模式识别和图像处理领域的广泛关注。

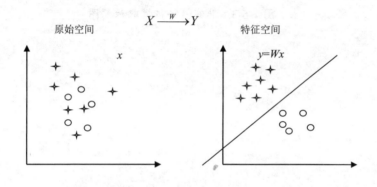

图 1-5-1　线性可分问题

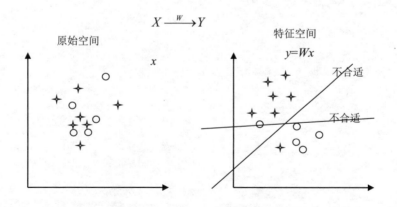

图 1-5-2　线性不可分问题

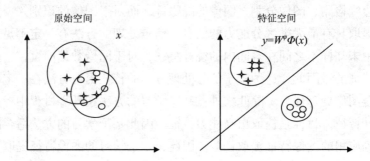

图 1-5-3 非线性特征提取示意图

第 2 章　机器学习基础理论

2.1　线性回归分析

回归分析是一种经典的统计学研究方法。它主要研究变量之间的相关性，它主要描述变量间的不确定性关系。回归分析研究变量间的这种关系的方法是建立模型，该模型既可以用于分析变量间的关系也可与用于解释变量间的关系。

2.1.1　问题及线性回归模型

一元线性回归分析主要应用于两个变量之间线性关系的研究，回归模型为一元线性函数，该模型主要是对两个变量之间的线性关系进行研究，该回归模型可以用下面的函数表示。

$$y_i = a + bx_i + e_i \ (i = 1, \ 2, \ \cdots, \ n) \tag{2-1-1}$$

式中，x_i 被称为自变量 X 的第 i 个观测值，a 和 b 被称为回归系数，n 是样本总数量，y_i 被称为因变量 Y 的第 i 个观测值，e_i 被称为与自变量 X 的第 i 个观测值相对应的 y_i 的随机误差，它是一个随机的变量。

在上面介绍的模型中，自变量 X 是一个给定的确定值，对于自变量的第 i 个观测值 x_i，因变量的观测值 y_i 是由三部分所组成的：a 是一个常数，$b\,x_i$ 是受自变量控制的值，e_i 是一个随机的变量，所以 y_i 也一定是随机数值。

在上面分析的回归模型中，随机误差 e_i 必须符合下面的几个假设条件。

① e_i 必须为服从正态分布的随机变量。

② e_i 必须满足"无偏性"，即 e_i 的均值为零，$E\ (e_i) = 0$。

③ e_i 必须满足"共方差性"，即 $\sigma^2(e_i) = e_i^2$，所有的 e_i 的方差都相同。

④各个 e_i 满足"独立性"，即，$Cov\ (e_i, \ e_j) = 0$，$(i \neq j)$，任何两个随

机误差 e_i 和 $e_j (i \neq j)$ 的协方差等于零。

根据上面的假设，随机误差分布是相同的而且分布是独立的。

综上所述，模型中的随机变量的数学期望以及方差可以分别表示为

$$E(y_i) = a + bx_i \qquad (2\text{-}1\text{-}2)$$

$$\sigma^2(e_i) = e^2_i \qquad (2\text{-}1\text{-}3)$$

由此

$$y_i \sim N(a + bx_i, \ e^2_i) \qquad (2\text{-}1\text{-}4)$$

这就表明，当自变量为 x_i 时，因变量 y_i 是一个服从正态分布的并且与自变量有关的随机变量值。如果我们忽略式中的误差项，公式可以简化为

$$\hat{y}_i = a + bx_i \qquad (2\text{-}1\text{-}5)$$

此式称为因变量 Y 对于自变量 X 的回归方程。根据此方程人们可以在直角坐标系中作出直线，该直线被称为回归直线。

2.1.2 回归参数估计及平均误差

1. 回归参数估计

一般情况下，在回归模型中的回归参数 a 和 b 在都是未知数，要想得到该参数，必须依据已知观测数据（x_i，y_i）来估计。采用"最小二乘法"是进行参数估计的有效方法，该方法可以使样本的回归直线同观测值偏差最小，达到最好的拟合状态。

根据回归直线方程（2-1-5），每一个观测值 x_i 都可以求出一个 $\hat{y}_i$，该值为因变量 y_i 的一个估计值。该估计值与因变量观测值之间的差值 $e_i = (y_i - \hat{y}_i)$。有多少个观测值就有多少个与之相对应的偏差值，如果这些偏差的总和最小，则模型就拟合到了最佳状态。但为了方便计算，计算中常以误差的平方和最小作为确定回归模型的标准。由此得出式（2-1-6）必须取最小值。

$$Q = \sum_{i=1}^{n}(y_i - \hat{y})^2 = \sum_{i=1}^{n}(y_i - a - bx_i)^2 \qquad (2\text{-}1\text{-}6)$$

如果上式要取极小值，根据极值定理，上式对 a 和 b 分别求得的偏导数应该为 0，即

$$\frac{\partial Q}{\partial a} = -2\sum(y_i - a - bx_i) = 0$$

$$\frac{\partial Q}{\partial b} = -2\sum(y_i - a - bx_i)x_i = 0 \qquad (2\text{-}1\text{-}7)$$

经整理后可得

$$\sum y_i = na + b\sum x_i$$
$$\sum x_i y_i = a\sum x_i + b\sum x_i^2 \qquad (2\text{-}1\text{-}8)$$

解上式，可得

$$b = \frac{\sum x_i y_i - \dfrac{1}{n}\left(\sum x_i\right)\left(\sum y_i\right)}{\sum x_i^2 - \dfrac{1}{n}\left(\sum x_i\right)^2} \qquad (2\text{-}1\text{-}9)$$

$$a = \frac{\sum y_i}{n} - b\frac{\sum x_i}{n}$$

记

$$X = \left(\sum x_i\right)/n, \quad \overline{Y} = \left(\sum y_i\right)/n$$

$$S_{XX} = \sum\left(x_i - \overline{x}\right)^2 = \sum x_i^2 - \frac{1}{n}\left(\sum x_i\right)^2$$

$$S_{XY} = \sum\left(x_i - \overline{x}\right)\left(y_i - \overline{y}\right) = \sum x_i y_i - \frac{1}{n}\left(\sum x_i\right)\left(\sum y_i\right) \qquad (2\text{-}1\text{-}10)$$

$$S_{YY} = \sum\left(y_i - \overline{y}\right)^2 = \sum y_i^2 - \frac{1}{n}\left(\sum y_i\right)^2$$

最后，得到的回归系数 a 和 b 的简单表达形式为

$$b = S_{XY}/S_{XX}$$
$$a = \overline{y} - b\overline{x} \qquad (2\text{-}1\text{-}11)$$

得到回归系数 a 和 b 以后，可以将回归模型表示为

$$\hat{y} = a + bx \qquad (2\text{-}1\text{-}12)$$

根据上面的模型，计算中只要给定一个观测值 x_i，就能够根据上面回归模型得到一个 $\hat{y}_i$ 作为实际观测值 y_i 的估计值。

2. 参数估计的平均误差

如果给定一个观测值 x_i，根据回归模型就能够得到 y_i 的估计值。在估计过程我们关心的是用 $\hat{y}_i$ 来预测 y 的精度，即产生的误差有多大。对回归模型进行评价的方法，在统计上常用的指标是估计平均误差。下式定义了一个回归模型的估计平均误差。

$$S_e = \sqrt{\frac{1}{n-2}\sum_{i=1}^{n}\left(y_i - \hat{y}_i\right)^2} \qquad (2\text{-}1\text{-}13)$$

需要注意的是，上式中因为用 n 个观测值去计算回归系数 a 和 b 时，丢失了 2 个自由度，只剩下 $(n-2)$ 个自由度。所以是用 $(n-2)$ 去除。

应用估计平均误差能够对回归模型的预测结果进行区间估计。如果观测值对于回归直线服从正态分布，并且方差值相同，那么会有 68.27％的数据分布于 $\pm S_e$ 的区间内，会有 95.45％的数据分布于 $\pm 2S_e$ 的区间内，会有 99.73％的数据分布于 $\pm 3S_e$ 的区间内。

2.2 贝叶斯分类器

2.2.1 贝叶斯决策

给定一个具有 n 维特征的 m 类模式 $(\omega_1,\ \omega_2,\ \cdots,\ \omega_m)$ 的分类问题，并且给出各类的统计分布，贝叶斯决策的任务是得到待识别样本 x 到底属于给定的 m 类样本中的哪一类。假设这个待识别样本的特征是 n 维，并用 n 个观测值来描述，这个待识别样本就可以用一个 n 维特征向量表示，那么这个 n 维特征向量的取值范围就构成了一个 n 维的特征空间。如果用 $P(\omega_i)$ 来表示 ω_i，$i=1,\ 2,\ \cdots,$ m 的先验概率，那么就可以用 $p(x\mid\omega_i)$ $i=1,\ 2,\ \cdots,\ m$ 来表示类条件概率密度函数，就可以生成 m 个条件后验概率。也就是对于一个特征向量 x，每一个条件后验概率 $p(\omega_i\mid x)$ 都代表未知样本属于某一特定类 ω_i 的概率。贝叶斯公式为

$$P(\omega_i\mid x)=\frac{p(x\mid\omega_i)P(\omega_i)}{p(x)} \qquad（2\text{-}2\text{-}1）$$

其中，$p(x)$ 是 x 的概率密度函数（全概率密度），它等于所有可能的类概率密度函数乘以相应的先验概率之和。

$$p(x)=\sum_{i=1}^{2}p(x\mid\omega_i)P(\omega_i) \qquad（2\text{-}2\text{-}2）$$

统计模式识别中的一个基本方法就是贝叶斯决策理论方法，这种方法首先要对数据进行概率分析，并且在概率分析的基础上生成分类器，然后再依据概率方法应用生成的分类器对给定的待分类的数据进行分类。

在运用贝叶斯理论的时候必须满足下列两个条件：一是各类别的总体概率分布是已知的；二是分类数是固定值。

对于用贝叶斯决策来说，不同的分类器设计者确定的决策规则是不同的，相应的决策结果也就不同。其中最有代表性的两个决策规则是最小错误率的贝叶斯决策和最小风险的贝叶斯决策。

1. 最小错误率贝叶斯判别方法

如果 ω_1，ω_2，$\cdots\omega_m$ 表示样本 x 所属的 m 个类别。先验概率 $P(\omega_i)$，$i=1$，2，$\cdots$，m，假设类条件概率密度函数 $p(x|\omega_i)$，$i=1$，2，$\cdots$，m 已知，计算后验概率后，若：

$$P(\omega_i|x) > P(\omega_j|x) \ \forall j \neq i \qquad (2\text{-}2\text{-}3)$$

则 $x \in \omega_i$ 类。这种决策规则可以使分类的错误概率最小化。因此，叫作最小错误率的贝叶斯决策。

2. 最小风险贝叶斯决策

不同的应用环境对指标的要求是不同的，有时最小错误率并不是最重要的。有些情况下要使损失减小，总的错误率可以大一些，从而减小产生严重后果。这里就需要引入损失函数 $\lambda_i(\alpha_i, \omega_j)$，$i=1$，2，$\cdots$，$a$，$j=1$，2，$\cdots$，$m$，来表示当 x 实属于 ω_j 类，同时采取的决策是 α_i（结果却判定为 ω_i）所带来的损失。一般情况，正确的判断要比错误判断的损失小，即 $\lambda(\alpha_i,\omega_j) > \lambda(\alpha_i,\omega_i)$，亦即 $\lambda_{ij} > \lambda_{ii}$。

对于一个待判定的测量值 x，如果采用的决策规则为 α_i，λ 可以在相对应行的 m 个 $\lambda(\alpha_i, \omega_j)$ $j=1$，2，$\cdots$，m 当中取任意一个，相对应的概率为 $P(\omega_j|x)$。因此，在采取决策策略为 α_i 的情况下条件期望损失 $R(\alpha_i|x)$ 为：

$$R(\alpha_i|x) = E[\lambda(\alpha_i, \omega_j)] = \sum_{j=1}^{m} \lambda(\alpha_i, \omega_j)P(\omega_j|x)，\ i=1，2，\cdots，a \qquad (2\text{-}2\text{-}4)$$

结果为一个加权平均值，它满足某一行中各种情况下的损失。在判定 x 属于 ω_i 类时，决策规则 α_i 的损失函数是以各类别后验概率为权重的加权和。式（2-2-4）中考虑到了 x 来自任何一类的所有情况。如果 $P(\omega_j|x)$ 越大，则权重就越大，那么属于该类的可能性也越大。式中计算期望值，本质上是计算 α_i 条件下相对计算各个类别的平均风险。就能够得出 a 个条件风险 $R(\alpha_1|x)$，$R(\alpha_2|x)$，$\cdots$，$R(\alpha_a|x)$。

x 为某一随机向量的测量值，对于 x 的不同观测值，采取不同决策规则 α_i 时，与之相对应的条件风险也是不同的，决策规则 α 可以作为该随机向量 x 的函数，表示为 $\alpha(x)$，那么可以将期望风险 R 定义为

$$R = \int R(\alpha(x)/x)p(x)\mathrm{d}x \qquad (2\text{-}2\text{-}5)$$

其中，$\mathrm{d}x$ 是该特征空间的体积元，并且在整个特征空间中进行积分运算。条件风险 $R(\alpha_i/x)$ 只是体现了对某个 x 的取值采取决策规则 α_i 而引起的风

险。而与条件风险不同的是期望风险 R 体现为在整个特征空间中对所有的 x 取值都采取决策规则 $\alpha(x)$ 所引起的平均风险。

应用中是对某一随机向量 x 进行分类时，先要计算出它属于各个类别的条件期望风险 $R(\alpha_1 / x)$，$R(\alpha_2 / x)$，$\cdots$，$R(\alpha_m / x)$，然后才能判定 x 属于条件风险中的哪个类别。

损失最小是在考虑错判带来的损失时要解决的问题。如果对于每一个决策规则，都能够使其条件风险最小化，那么对所有的 x 作出判别时，它的期望风险也一定最小，遵从这一规则的决策被称为最小风险贝叶斯决策。最小风险贝叶斯决策规则可以描述为

$$R(\alpha_k \,|\, x) = \min_{i=1,\,2,\,\cdots,\,a} R(\alpha_i \,|\, x)，则有 \alpha = \alpha_k \qquad （2\text{-}2\text{-}6）$$

通俗地讲就是在 a 个条件风险中，选一个最小的。

2.2.2　极大似然估计

在估计条件概率的过程中，首先假设其具有某种已知的概率密度分布，然后再根据训练样本对其概率密度分布的参数进行估计是估计类条件概率的一种常用方法。概率模型的训练过程就是参数估计过程。对于参数估计，统计学界认为参数虽然未知，但却是客观存在的固定值，因此，可通过优化似然函数等准则来确定参数值，极大似然估计（MLE）就是根据数据采样来估计概率分布参数的经典方法。

假设随机变量 xt 的概率密度函数为 $f(xt)$，其参数用 $\theta = (q_1, q_2, \cdots, q_k)$ 表示，则对于一组固定的参数 θ 来说，xt 的每一个值都与一定的概率相联系，即给定参数 θ 与随机变量 xt 的概率密度函数为 $f(xt)$。相反若参数 θ 未知，当得到观测值 xt 后，把概率密度函数看作给定 xt 的参数 θ 的函数，这即是似然函数。

$$L(\theta \,|\, xt) = f(xt \,|\, \theta) \qquad （2\text{-}2\text{-}7）$$

似然函数 $L(\theta \,|\, xt)$ 与概率密度函数 $f(xt \,|\, \theta)$ 的表达形式相同，所不同的是在 $f(xt \,|\, \theta)$ 中参数 θ 是已知的，xt 是未知的，而在 $L(\theta \,|\, xt)$ 中 xt 是已知的观测值，参数 θ 是未知的。

对于 n 个独立的观测值 $x = (x_1, x_2, \cdots, x_n)$，其联合概率密度函数为

$$f(x \,|\, \theta) = \prod_{i=1}^{n} f(x_i \,|\, \theta) \qquad （2\text{-}2\text{-}8）$$

其对应的似然函数为

$$\mathrm{Ln}L(\theta \,|\, x) = \sum_{i=1}^{n} \mathrm{Ln}L(\theta \,|\, x_i) = \prod_{i=1}^{n} f(x_i \,|\, \theta) \qquad （2\text{-}2\text{-}9）$$

经常使用的是对数似然函数，即对 $L(\theta \,|\, \mathrm{xt})$ 取自然对数：

$$\mathrm{Ln}L(\theta \,|\, xt) = \log[f(xt \,|\, \theta)] \qquad （2\text{-}2\text{-}10）$$

极大似然估计是指使得似然函数极大化的参数估计方法，即估计那些使得样本（x_1，x_2，$\cdots$，x_n））出现的概率最大的参数。

因为对数函数是一个单调的并且递增的函数，所以当 L 取最大值时，同时 $\mathrm{Ln}L$ 也取最大值。求式（2-2-10）对 θ 的偏导，并且使偏导数等于 0，可得

$$\frac{\partial \mathrm{Ln}L}{\partial \theta} = 0 \quad \backslash *\mathrm{MERGEFORMA} \qquad （2\text{-}2\text{-}11）$$

解上式可得 θ 的极大似然估计。

2.3　聚类分析

2.3.1　聚类分析的定义

聚类是对客观世界进行了解和认知的一种行为。每种事物本身都存在某种外在的或者内在的规律或属性，人们只有通过研究这种规律或属性才能更好地认识事物。聚类就是一种认识事物的研究方法。聚类就是按照事物的某些属性，把属性相似的事物聚集在一起。聚类过程就是一个学习过程，聚类分析之前人们并不知道事务的那些属性相似，通过聚类就可以找到这些特征，并将属性相似的事务聚集在一起。聚类与分类不同，它属于无监督学习的一种方法。聚类分析性能的好坏取决于相似性度量的方法是否可以发现区分性能好的特征。

2.3.2　聚类算法

聚类算法可以广泛用于数据挖掘等研究领域，随着有关学者研究的深入涌现出了大量的聚类算法，其中划分方法、层次方法、基于密度的方法、基于网格的方法和基于模型的方法应用十分广泛。

1. 划分方法

对于给定的数据库，划分方法首先根据需要划分的数目 k 在数据库上将数据划分为 k 个组，然后通过迭代的方法，将不同组内的数据移动到其他组中，使得同一组内的数据尽量相似，而不同组中的数据要尽可能远离。理论上基于划分的聚类在穷举所有可能的分组的基础上才能找到最优解。但是实际应用中

穷举的方式并不可取，一般采用启发式方法，比如 K-平均算法或 K-中心点算法。

划分方法具有线性复杂度而且其聚类的效率高。但是，由于聚类前划分的组数就被人为地确定了，划分聚类方法对于非凸面形状的数据库或者规模相差很大的数据库聚类效果并不理想。因此，划分方法比较适用于中小规模的数据库中的具有凸面形状数据库的聚类分析。

2. 层次方法

层次方法是对给定的数据库合进行逐个层次的分解。根据分解方式的不同，层次的方法可以分为分裂的方法和凝聚的方法。分裂的方法采用的是自上而下的方法，聚类开始时首先将所有的数据都归类到一个分组中，然后进行迭代，在每一步迭代过程中，一个分组被分裂成几个分组，直到达到预定的终止条件为止，或者最后每个数据都分为独立的一组。凝聚的方法采用的是自下而上的方法，聚类开始时首先将每个数据作为一个独立的组，然后在后续的聚类分析中逐步合并相似的分组或数据，直到达到预定的终止条件为止，或者所有的组合并为一个分组。

图 2-3-1 描述了对一个数据库合 {a，b，c，d，e} 进行聚类分析的过程。图中从右到左描述的是分裂的层次聚类方法，该方法在聚类开始时，把所有的数据都归为同一个分组中，然后根据给定的规则将该分组进行分裂，这一分裂过程被反复地进行，直到最终每个新的分组中只包含一个数据。图中从左到右描述的是凝聚的层次聚类方法，该方法在聚类开始时，把每个数据作为一个分组，然后把这些分组根据给定的规则逐步进行合并。

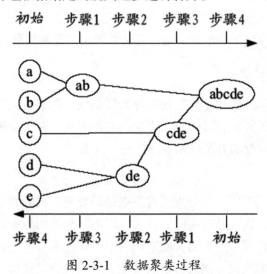

图 2-3-1　数据聚类过程

3. 基于密度的方法

前面介绍的方法进行聚类时一般都是通过计算数据之间的距离进行聚类。基于距离的划分对于球状分布的数据效果较好，但是对于任意形状分布的数据聚类效果并不理想。为了更好地处理任意形状分布的数据，有学者提出了基于密度的聚类方法。基于密度的聚类方法的聚类原则是只要相邻区域内的数据数量达到了给定的阈值（也就是数据的密度）就将这些数据划分为一组。在这种方法中，规定了每个分类中的包含数据个数的下限，这种方法有效地滤除了孤立的数据点，可以发现任意形状的数据分组。从上面分析可以看出，数据输入顺序对这种聚类算法的影响不大，而且该方法具备处理异常数据的能力。但是，用户定义的参数对该算法影响较大，而且这种算法的计算复杂度较高，一般比较适合对中小型数据库进行聚类分析。

4. 基于网格的方法

基于网格的方法把数据库中所有数据分布的数据空间划分为一定数量的单元格，这些单元格的分布为网格结构。这个网格结构可以是多层的，也就是说网格具有层次，高层的单元格可以划分为多个低层级的单元格，而且算法中的数据空间也可以变换，既可以在源数据空间上进行聚类也可以在变换的数据空间上进行聚类，如果在变换的数据空间上聚类，那么就需要在变换的数据空间上进行划分网格。无论采用什么形式的网格，所有的聚类操作都是在这个网格结构上进行的。

5. 基于模型的方法

基于模型的方法为每个簇假定了一个模型，寻找数据对给定模型的最佳拟合。一个基于模型的算法可能通过构建反映数据点空间分布的密度函数来定位聚类。它也是基于标准的统计数字自动决定聚类的数目，考虑"噪声"数据或孤立点，从而产生的聚类方法。基于模型聚类方法主要有两种：统计学方法和神经网络方法。以下主要对统计学方法进行介绍。

机器学习中的概念聚类就是一种形式的聚类分析，即给定一组无标记数据对象，它根据这些对象产生一个分类模式。与传统聚类不同，其主要识别相似的对象，而概念聚类则更进一步，它发现每组的特征描述，其中每一组均代表一个概念或类，因此概念聚类过程主要有两个步骤：首先完成聚类；然后进行特征描述。因此它的聚类质量不再仅仅是一个对象的函数，而且还包涵了其他因素，如所获特征描述的普遍性和简单性。

大多概念聚类都采用了统计方法，也就是利用概率参数来帮助确定概念或聚类。每个所获得的聚类通常都是由概率描述来加以表示。

蜘蛛网协议（COBWEB）是一种流行的简单增量概念聚类算法。它的输入对象用分类属性 - 值对来描述。它以一个分类树的形式创建层次聚类。分类树的每个节点对应一个概念，包含该概念的一个概率描述，概述被分在该节点下的对象。其在分类树某个层次上的兄弟节点形成了一个划分。为了用分类树对一个对象进行分类，该算法采用了一个部分匹配函数沿着"最佳"匹配节点的路径在树中向下移动，寻找可以分类该对象的最好节点。这个判定基于将对象临时置于每个节点，并计算结果划分的分类效用。产生最高分类效用的位置应当是对象节点一个好的选择。但如果对象不属于树中现有的任何概念，则为该对象创建一个新类。

CORWEB 的优点在于它不需要用户输入参数来确定分类的个数，它可以自动修正划分中类的数目。其缺点是①它基于这样一个假设，即在每个属性上的概率分布是彼此独立的，由于属性间经常是相关的，这个假设并不总是成立；②聚类的概率分布表示使得更新和存储类相当昂贵，因为时间和空间复杂度不只依赖于属性的数目，而且取决于每个属性的值的数目，所以当属性有大量的取值时情况尤其严重；③分类树对于偏斜的输入数据不是高度平衡的，它可能导致时间和空间复杂性的剧烈变化。

2.4 决策树

决策树学习算法本质上属于一种归纳学习算法。它的研究对象是一组样本数据库（样本集中的样本数量并没有限制），算法从给定的一组样本数据（概念）中推导出分类规则，该规则以决策树的形式给出。

决策树就是分类规则，其结构是树形结构，也可以说是以树形结构表示的知识。分类规则可以对一组给定的数据进行自动分类。它可以被认为是一个预测模型，模型由根节点、内部节点和叶节点组成，决策树的根节点是给定的数据库空间，每个叶节点就是一个分类问题，它只能对给定数据中的某一变量进行分类，分类结果是将数据库合分为两个或多个数据库合，决策树算法只能对离散型数据变量进行分类。如果要处理连续型数据变量，就必须先将连续型数据离散化，然后才可以进行学习和分类。

决策树算法在学习过程中并不需要知道很多的先验知识，这是该算法的最大的优点，算法只需要一组给定的样本数据就可以从中提炼出知识，从而自动形成一组分类规则（即决策树），其在节点处进行分叉时并不需要给定数据的全部变量参与判决，只需要给定数据中的某一个变量就可以对给定的数据进行分类。

2.4.1　决策树基本算法

决策树的内部节点是由数据的属性值组成的，而叶节点就是通过分类规则得到的结果，内部节点的属性值叫作分类属性。

决策树的学习过程就是从一组给定的数据库中提炼出一组分类规则，当这组规则确定之后，系统就能够对一个新给定数据进行分析获得它的类别信息。决策树采用递归的方法对未知数据进行分类，决策树由根节点开始自上向下方的叶节点进行分析判断，决策树的内部节点进行比较时并不需要给定数据的所有变量进行判断，只需要给定数据的某一属性值就可以决定数据该向哪一条分支运行，最后在叶节点处就可以确定待分类数据的类别。

由上面的分析我们可以看出从根节点到一个叶节点的路径确定了一组分类规则，并且每条路经对应的分类规则是不同的，而整个决策树就是一个分类规则的集合。某一简单决策树如图 2-4-1 所示。

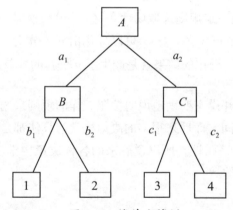

图 2-4-1 简单决策树

根据上面分析我们可以看出决策树可以有不同的结构和分类规则，根据结构和属性决策树可以分为下面几种。

①决策树内部节点的判断规则由数据的某一个变量值确定时，叫单变量决策树；决策树的内部节点的判断规则由数据的某几个变量值确定时，叫多变量决策树。

②决策树的内部节点进行分类时，分类结果可能是两个类别也可以是多个类别，即对应两个分叉或多个分叉，如果内部节点的分类结果只有两个，决策树就叫二叉树。

③如果内部节点的分类结果不止两个而是多个，那么决策树就叫多叉树。

2.4.2 CLS算法

CLS学习算法是最早的决策树学习算法。它是20世纪60年代由亨特（Hunt）等人提出的。随着研究的深入许多学者在该算法的基础上对它进行了改进和扩展。

算法首先建立一个空的决策规则，然后逐个增加样本，随着样本的增加决策树的分支也在不断增加，并且相应的节点数量也随之增加，产生的决策树就可以将给定的样本进行正确分类。

算法的具体步骤如下。

①算法中样本数据库合用 X 表示，样本包含的属性用 Q 表示，首先定义决策树的初始状态只包括一个根节点 (X, Q)。

②如果所有叶节点 (X', Q') 中数据库合内的样本数据都分配到同一类别，或者所有叶节点 (X', Q') 中样本的属性 Q' 为空，那么学习算法就停止。

③否则，选择一个不具有②所描述状态的叶节点 (X', Q')。

④对于 Q'，按照一定规则选取属性 $b \in Q'$，设为根据 k 的取值差异分成的 n 个不同的子集，从节点 (X', Q') 可以分化出 n 个分支，属性 k 取值不同那么所属的分支就不同，操作的结果就是产生了 n 个新的叶节点 $(X', Q' - |k|)$。

⑤转②。

在算法步骤④中并没有明确地说明按照怎样的规则来选取测试属性，因此 CLS 有很大的改进空间，而后来很多的决策树学习算法都是采取了各种各样的规则和标准来选取测试属性，所以说后来的各种决策树学习算法都是 CLS 学习算法的基础上改进的。

2.4.3 信息熵

20世纪40年代香农（Shannon）提出和推进了信息论的理论，提出将信息用数学的方法来研究和度量，提出了以下的一些概念。决策树学习算法是以信息熵为基础的，这些概念将有助于理解后续的算法。

①自信息量：在没有收到信息的时候，接收方对发送方发出的不确定性定义为信息符号 a_i 的自信息量 $I(a_i) = -\log_2 p(a_i)$，其中 $p(a_i)$ 是取值为 a_i 的概率。自信息量反映了接收 a_i 的不确定性，自信息量越大，不确定性越大。

②信息熵：自信息量不能用来度量整个信源 X 整体的不确定性，只表示符号的不确定性，一般信源 X 整体的不确定性要用信息熵来度量。

$$H(X) = [-p(a_1)\log_2 p(a_1)] + \cdots + [-p(a_n)\log_2 p(a_n)]$$

$$= -\sum_{i=1}^{n} p(a_i)\log_2 p(a_i) \tag{2-4-1}$$

式中：n 是信源 X 所有可能的符号数；a_i 是可能取到的值；$p(a_i)$ 是取值为 a_i 的概率。

③条件熵：存在某随机变量 Y，并且该变量与信源 X 有一定的关系，如果接收方收到该随机变量 Y，我们用条件熵 $H(x|y)$ 来度量对随机变量 X 仍然存在的不确定性。X 与信源符号 $a_i(i=1,2,\cdots,n)$ 相对应，Y 与信源符号 $b_i(i=1,2,\cdots,s)$ 相对应，当 Y 为 b_j 时，X 为 a_i 的概率为 $p(a_i|b_j)$，条件熵如下。

$$
\begin{aligned}
H(X|Y) &= \sum_{j=1}^{S} p(b_j)H(X|b_j) \\
&= \sum_{j=1}^{S} p(b_j)[-\sum_{i=1}^{n} p(a_i|b_j)\log_2 p(a_i|b_j)] \\
&= -\sum_{J=1}^{S}\sum_{i=1}^{n} p(b_j)p(a_i|b_j)\log_2 p(a_i|b_j) \\
&= -\sum_{j=1}^{S}\sum_{i}^{n} p(a_i,\ b_j)\log_2 p(a_i|b_j)
\end{aligned}
\tag{2-4-2}
$$

即条件熵是各种不同条件下的信息熵期望。

（4）平均互信息量：用来表示信号 Y 所能提供的关于 X 的信息量的大小，用下式表示，即

$$I(X|Y) = H(X) - H(X|Y) \tag{2-4-3}$$

2.4.4　ID3 算法

本章前文已经提到的 CLS 算法并没有明确地说明按照怎样的规则和标准来确定不同层次的树节点（即测试属性），昆兰（Quinlan）于 1979 年提出了以信息熵的下降速度作为选取测试属性的标准。在众多决策树学习算法中，ID3 算法是各种算法中应用最广泛的一种方法。

对于给定的样本数据库 X，决策树的目标是要把样本集分为 n 类。假如样本集 X 中样本数据的总数量为，第 i 类样本中的数据数量为，那么某个给定数据属于第 i 类的概率为 $p(C_i) = \dfrac{c_i}{|X|}$。这种情况下决策树对划分 C 的信息熵可以表示为下式。

$$H(X,C) - H(X) = -\sum_{i=1}^{n} p(C_i) \log_2 p(C_i) \qquad (2\text{-}4\text{-}4)$$

假如属性 a 有 m 个不同的取值，如果利用属性 a 对样本进行分类，那么它的条件熵可以用下式表示。

$$
\begin{aligned}
H(X|a) &= -\sum_{i=1}^{n}\sum_{j=1}^{m} p(C_i, a = a_j) \log_2 p(C|a = a_j) \\
&= \sum_{i=1}^{n}\sum_{j=1}^{m} p(a = a_j) p(C_i|a = a_j) \log_2 p(C_i|a = a_j) \qquad (2\text{-}4\text{-}5) \\
&= \sum_{j=1}^{m} p(a = a_j) \sum_{i=1}^{n} p(C_i|a = a_j) \log_2 p(C_i|a = a_j)
\end{aligned}
$$

则属性 a 对于分类提供的信息量如下式。

$$I(X,a) = H(X) - H(X|a) \qquad (2\text{-}4\text{-}6)$$

式中：$H(X)$ 为信息熵，$H(X|a)$ 为条件熵，在选择属性 a 作为分类属性的条件下，$I(X,a)$ 信息量表示信息熵的下降程度。如果要想使决策树得到的结果确定性最大，$I(X,a)$ 就必须选取使最大的属性作为分类的属性。

从上面分析我们可以看出，ID3 算法源于 CLS 算法，并在 CLS 算法基础上进行了改进，其将最大的属性作为分类依据对待分类样本进行分类。

另外，ID3 算法不仅将信息论引入分类中，还在算法中增加了增量学习的方法。

ID3 算法的步骤如下。

①随机选出规模为 V 的子集 X_1，这个子集定义为窗口，子集的规模为 V。

②以 $I(X,a)$ 值最大作为选择标准来选取所需的分类属性，生成当前子集的决策树。

③针对所有样本，应用当前决策树进行分类，如果全部分类正确就结束训练过程。

④将当前子集的数据和步骤③中找到的没有成功分类的样本组成新的子集，然后转到步骤②。

2.4.5　C4.5 算法

C4.5 算法（信息比算法）是由昆兰（Quinlan）自己扩充 ID3 算法提出来的，是 ID3 算法的改进，它在 ID3 的基础上增加了对连续属性、属性空缺情况的处理，对树剪枝也有了较成熟的方法。

与前面介绍的 ID3 训练算法不同，C4.5 训练算法应用的样本属性是信息

增益率高的样本属性。在给定的数据库中，假设样本 a 有 k 个属性值，分别为 a_1，a_2，$\cdots$，a_k，如果属性 a_i 值等的样本数量分别为 n_i，并且样本的总数为 n，那么有 $n_1 + n_2 + \cdots + n_k = n$。C4.5 算法定义了得到数据关于属性 a 的信息必须消耗的代价，即属性 a 的熵值 $H(X|a)$。

$$H(X,\ a) = \sum_{i=1}^{k} p(a_i) \log_2 p(a_i) \approx -\sum_{i=1}^{k} \log_2 \frac{n_i}{n} \qquad （2\text{-}4\text{-}7）$$

通过计算平均互信息与获取 a 信息所付出代价的比值就可以得到信息增益率，即

$$E(X,\ a) = \frac{I(X,\ a)}{H(X,\ a)} \qquad （2\text{-}4\text{-}8）$$

从上式我们可以看出付出单位代价得到的信息量就是信息增益率，它属于对信息量的不确定性的一种相对度量。算法中选择信息增益率最大的那个属性 a 作为测试属性，来对样本集进行分类。

C4.5 算法对 ID3 算法进行了改进，主要体现在以下几方面。

①一些样本的某些属性取值可能为空，在构建决策树时，可以简单地忽略缺失的属性，即在计算增益率时，即考虑具有属性值的记录。为了对一个具有缺失属性值的记录进行分类，人们可以基于已知属性值的其他记录来预测缺失的属性值。

②在 C4.5 算法中增加了子树替代法和子树上升法两种剪枝算法。

a. 子树替代法中只有当替代后的误差率与原始树的误差率比较接近时才替代。剪枝的含义是用叶节点替代子树，替代的顺序是从树枝向树根方向进行。

b. 子树上升法中的子树是从所在位置上升到整个树中更高的节点处。剪枝的含义是用大子树中一个最常用的小子树来替换原来的这个大子树。

③ C4.5 算法分类时以训练样本中元组的属性值为标准将数据分为区域，这种算法不但可以处理离散数据，而且还可以处理连续数据。

④ ID3 算法中分叉运算时更倾向于含有较多属性值的属性，其结果是可能产生过拟合，而在 C4.5 算法中的信息增益率函数恰恰可以克服这个缺点。

但是 C4.5 算法同样也有缺点，主要体现在它倾向于选取熵值最小的属性作为测试属性，虽然熵值最小，但是对于分类来讲并不一定更有效。

2.4.6　CART 算法

在 ID3 与 C4.5 算法中，当确定作为某层树节点的变量属性取值较多时，按每一属性值引出一分支进行递归算法，就会出现引出的分支较多，对应算法

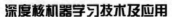

次数也多的现象，使决策树算法速度缓慢。是否可以使每一树节点引出分支尽可能少，以提高算法速度的分类与回归算法是一种产生二叉决策树的技术，即每个树节点（即测试属性）与 ID3 训练算法一样，分叉时，它们都把平均互信息作为度量值，对于选择的测试属性变量 t，如果 t 具有 n 个属性值分别为应选取哪个属性值作为分叉点引出两个分支以使分类结果是尽可能合理正确，"最佳"分裂属性值被定义为满足下式。

$$\phi(s_0 / t) = \max_i(s_i / t) \qquad （2\text{-}4\text{-}9）$$

其中

$$\phi(s/t) = 2P_L P_R \sum_{j=1}^{m} \left| P(C_i | t_L) \right| \qquad （2\text{-}4\text{-}10）$$

在某个节点 t 处根据 s 属性值进行二分叉时，$\phi(s / t)$ 主要用来度量这两只分支出现的可能性大小，还有每种结果可能出现的差异大小。当 $\phi(s / t)$ 的计算值比较大时，意味着两个分类结果出现得可能性差别比较明显，其结果就是分类不均匀，当某一分支含有同一类别的数据，并且另外一个分支不含有这样的数据时，结果最不均匀，这种情况出现得越快，这意味着人们可以利用更少节点实现更快的分类效果。$\phi(s / t)$ 中的 L 和 R 是指树中当前节点的左子树和右子树。Q_L 和 Q_R 分别指在训练集（样本集）中的样本在树的左边与右边的概率，左分支定义为

$$Q_L = \frac{\text{左子树中的样本数}}{\text{样本总数}} \qquad （2\text{-}4\text{-}11）$$

右分支定义为

$$Q_R = \frac{\text{右子树中的样本数}}{\text{样本总数}} \qquad （2\text{-}4\text{-}12）$$

分别指在左子树和右子树中的样本属于同一类别的概率，定义为

$$Q(C_i | t_L) = \frac{\text{左子树属于 } C_i \text{ 类的样本数}}{t_L \text{ 节点样本数}} \qquad （2\text{-}4\text{-}13）$$

$$Q(C_i | t_R) = \frac{\text{右子树属于 } C_i \text{ 类的样本数}}{t_R \text{ 节点样本数}} \qquad （2\text{-}4\text{-}14）$$

2.5 神经网络

神经网络方面的研究很早就已出现，今天神经网络已是一个相当大的、多学科交叉的学科领域。各学科对神经网络的定义是不同的，本章采用的是现阶

段应用得最广泛的一种，神经网络定义为由具有适应性的简单单元组成的广泛并行互连的网络，它的组织能够模拟生物神经系统对真实世界物体所作出的交互反应。我们在机器学习中谈论神经网络时指的是神经网络学习或者说是机器学习与神经网络这两个学科领域的交叉部分。神经网络中最基本的成分是神经元模型，即在上述定义中的简单单元在真实的生物神经网络中各个神经元同相邻的神经元连接，当神经元兴奋时，就向与之相连的神经元发送特定的某种物质，这些神经元内部的电位就会随之改变而改变。假设某神经元的电位值达到了某个阈值，结果这个神经元就能被激活，该神经元也开始兴奋起来，向与其临近的其他神经元发送某种特定的物质。

2.5.1 人工神经元模型

人工神经网络（ANN），其是模仿生物学中生物神经网络的基本原理，仿照大脑神经创建的数学模型。它有并行的分布处理能力、高容错性、自我学习等特征。神经网络中最基本的单元是神经元，也叫感知器，如图 2-5-1 所示。

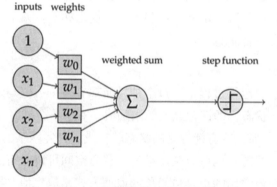

图 2-5-1　简单神经元的示意图

一个神经元由如下部分组成。

①输入权值：一个神经元可以接受多个输入 $\{x_1, x_2, \cdots x_n \mid x_i \in \Re\}$，每个输入都有一个权值 $\omega_i \in \Re$ 及一个偏执项 $b \in \Re$。

②激活函数：用来做非线性映射，比如 S 形函数。

$$f(x) = \frac{1}{1 + e^{-x}} \qquad （2\text{-}5\text{-}1）$$

③输出：神经元的输出由下面公式计算。

$$y = f(\sum_{i=0}^{n}(w_i \times x_i)) \quad （令 x_0 = b） \qquad （2\text{-}5\text{-}2）$$

利用感知器可以实现布尔运算，如可以利用感知器实现 AND 函数。我们可以令 $\omega_1=0.5$，$\omega_2=0.5$，$b=-0.8$，激活函数选择阶跃函数

$$f(x)=\begin{cases}1, & x>0\\0, & x\leqslant 0\end{cases} \tag{2-5-3}$$

则当 x_1, x_2 为真时（真为 1，假为 0），输出结果为真，其余为假。

事实上，感知器不但能够实现简单的逻辑布尔运算，还可以拟合出任何的线性函数。

感知器还可以用来解决线性分类问题和回归问题。前面的布尔逻辑运算可以看作是一个二分类问题及回归问题，输出真或假（0 或 1）。

1. 连接权值

人工神经网络中的神经元之间是相互连接的，神经元之间所有的网络组成了一个有向图。网络中每个连接都是一个实数，其被定义为连接权值。所有连接权值构成一个集合。这个集合可以用权矩阵 W 来表示，矩阵 W 中的元素用 w_{ij} 来表示。连接权值一般可以划分为激发和抑制两种类型，正的权值可以定义为激发连接，负的权值可以定义为抑制连接，反之亦然。人工神经网络的特征就是依靠连接权值来表征的。

2. 神经网络状态

人工神经网络的运行过程中，每个神经元都有一个数值与之对应，这个值被定义为神经元的状态，即该神经元的激励值，对于某个神经元 u_j 的状态，我们可以用 x_i 来表示，那么所有神经元的状态就构成了神经网络的状态空间 $X(t)$。状态空间可以是连续的，也可以是离散的；状态空间可以是有界的，也可以是无界的；状态空间最常用的也是最简单的取值方式是取二值，即只有 0 和 1 两种状态，或者只有 -1 和 1 两种状态。

3. 神经网络的输出

人工神经网络中每个神经元都有一个输出，并分别由连接权值把输出的结果传递到与之相连的神经元，输出信号与该神经元的状态值有关。这种输出与输入关系可以使用输出变换函数 f_j 来表示。在 t 时刻，如果用 $z_j(t)$ 来表示神经元 u_i 的输出，则

$$z_j(t)=f_j(x_j(t)) \tag{2-5-4}$$

也可以表示为向量的形式，即

$$Z(t)=f(X(t)) \tag{2-5-5}$$

式中，$Z(t)$ 表示该神经网络的输出，状态向量与每个神经元的对应函数

用 f 来表示。通常该函数在区间（0，1）内为有界函数。

按网络性能分，可以分为确定型人工神经网络、随机型人工神经网络、连续型人工神经网络和离散型人工神经网络。常用的 Hopfield 网络模型就有离散人工神经网络和连续人工神经网络。

2.5.2 神经网络的结构

神经网络的拓扑结构也是人工神经网络的一个重要的特征，按网络的拓扑结构分类，人工神经网络可以分为相互连接的网络、分层前馈型网络和分层反馈网络。

（1）相互连接的网络

在相互连接的网络中，任何两个神经元之间都可以有连接关系，输入的信息在网络中的神经元之间可能来回传输，运行结果可以使网络状态不断变换。人工神经网络从某一初始状态开始，通过一系列的变换过程，最后可能进入某个平衡状态或者进入某个周期振荡状态或者进入某个其他的状态。

（2）分层前馈型网络

在分层前馈型网络中，网络中的所有神经元都分层排列，其拓扑结构一般分为三层，第一层为输入层，第二层为隐含层（可以有多层隐含层），最后为输出层。各个神经元从前一层接收信息，并将结果输出给下一层，信息不向前传递，即没有反馈。神经节点分为输入节点和计算节点，每个计算节点可以有多个输入，但是只可以有一个输出。前馈型网络中输入层接收外界的输入的信息，后面的每层神经元只能接收前一层神经元的输入。输入信息通过各层神经元的处理将处理后的结果传送给输出层输出。BP 神经网络和 RBF 径向基函数网络是最常用的前馈型神经网络。

（3）分层反馈网络

分层反馈网络在拓扑结构上与分层前馈网络相似，也分为多层，只是网络地输出不仅向后传递也可以反馈到前层网络，这种反馈可以将全部输出结果都反馈到前层，也可以将部分输出结果反馈到前层。网络中所有的节点都是计算节点，计算的同时也可接收信息，并将计算的结果向外输出。Hopfield 神经网络是最典型的反馈型神经网络。

人工神经网络的工作过程主要分为训练阶段和工作阶段，训练阶段各计算节点状态不变，而通过学习来修改连线上的权值。在工作阶段，连接权值是固定的，而计算节点的状态根据输入信息的变化而变化，最后达到某种稳定的状态。

2.5.3 神经网络的学习方式

人工神经网络虽然模仿生物神经网络建立了相似的拓扑结构，但是人工神经网络并不具备生物神经网络的智能性。要想让人工神经网络模仿生物神经网络工作必须建立一套完备的学习和工作的规则。人工神经网络的工作过程主要分为训练阶段和工作阶段，训练阶段各计算节点状态不变，而通过学习来修改连线上的权值。在工作阶段，连接权值是固定的，而计算节点的状态根据输入信息的变化而变化，最后达到某种稳定的状态。

人工神经网络通过训练好的网络连接权值实现信息传递与数据处理。网络的连接权值是通过学习训练的过程确定的。针对不同拓扑结构的网络类型学习和训练的方法及训练方法中要遵从的规则是完全不同的。

研究人工神经网络的最重要的内容就是研究人工神经网络的学习算法。人工神经网络学习的重点就是通过训练向输入的训练样本学习新知识，从而改进自己的性能。人工神经网络性能的提高是通过调节自己的权值并通过不断地测试直到满意为止。不同拓扑结构的神经网络训练方法也不一样，针对不同的网络结构都有很多训练算法。

人工神经网络学习阶段的工作就是调整网络连接权值的过程。每输入一个训练样本连接权值就调整一次，经过多轮调整直到满足自己设定的预期为止。经过训练就可以使人工神经网络具备很好的学习、存储和数据处理的能力。

人工神经网络的训练算法主要包含有导师学习和无导师学习两类。有导师学习每次输入信息都有期望的输出与之相对应，并将实际的输出和预期的输出比较，最后依据他们之间差值关系来调节网络连接的权值，这种学习方法的目标是使差值达到最小。无导师学习每次输入并没有预期的输出，每当训练样本输入人工神经网络以后，网络都会按规定好的步骤及规则来调节连接权值，最终使人工神经网络具备分类和数据处理的功能。

2.6 深度学习

深度学习是机器学习领域一个新的研究方向，近年来在图像识别与检索、语言信息处理、语音识别等多领域中都取得了较为成功的发展。深度学习是研究人类大脑的神经连接结构，并通过建模的方式对其进行模拟。它通过分阶段和分层的方式对数据进行处理，最终得到期望的结果，深度学习应用非常广泛可以处理图像、声音和文本等信号。

深度学习其本质就是一个人工神经网络。一个具有多个隐含层的多层感知器就是一种具备深度学习功能的网络拓扑。深度学习先将信息在低层提取信息的特征，然后再将这些特征组合起来形成高层特征供高层网络处理。

深度学习的概念最早由辛顿（G.E.Hinton）等学者在 2006 年首次提出的。深层网络研究的难题就是对深层结构的优化，而基于深度置信度网（DBN）提出的非监督贪心训练逐层算法恰好解决了这一难题。后来勒存（Lecun）等人提出第一个具有多层结构的卷积神经网络。它实际上是第一个真正的深度学习算法，卷积神经网络提高性能的方法就是利用网络内部计算单元之间的位置关系来减少参数的数目。

2.6.1　深度学习的思想

在现实生活中，人们为了解决某一个问题，比如文本或图像的分类，首先需要做的事情就是用什么样的方法来表示这个研究对象，也就是如何提取样本的特征来表示该样本，因此不同的特征产生的结果也不一样。在以往的数据挖掘方法中，特征地提取选择一般都有人的参与，借助人的先验知识或专业技能来选择更为有效的特征，这样做的结果是效率低下，结果也不能保证最优，而且在处理复杂的问题的时候，人工操作会显得无能为力。最终研究学者开始通过各种努力研究能够自动选取有效特征的方法，深度学习就是研究成果之一。

假如给定一个系统 S，它一共有 n 层（S_1，S_2，$\cdots S_n$），初始输入数据为 X，最终输出数据为 Y，可以用下面方法表示为 $X \Rightarrow S_1 \Rightarrow S_2 \Rightarrow \cdots \Rightarrow S_n \Rightarrow Y$，假设输出数据 Y 等于输入数据 X，即输入信息 X 经过这个给定的系统之后信息损失等于零（$E=0$），这就意味着输入信息 X 经过每一层 S_i 之后信息损失都等于零，因此其每经过系统的一层都可以认为是输入数据 X 的另一种表示方式。对于深度学习，我们需要自动地学习提取特征，对于一大堆输入 X（文本或图像），经过一个系统 S（有 n 层），我们可以调整系统中的参数，使系统的输出值 Y 与输入 X 相等，那么就可以得到输入为 X 的与层次有关的特征集合，即 S_1，S_2，$\cdots S_n$。

对于深度学习来说，其思想就是堆叠多个网络层，前面层次的输出数据作为后面层次的输入数据。系统通过这种信息传递方式，实现了对输入信息的分级表达。前面描述的模型系统只是理想状态下的假设，并不一定能够达到，我们可以适当的放松这个限制，只要损失函数达到一个可以接受的范围。

深度学习将深层的神经网络分成特征提取层和分类层，特征提取层就是自动提取特征信息，这是浅层学习 SVM 和 Boosting 无法完成的，图 2-6-1 展示了特征学习的过程，我们可以看出复杂的图形一般是由一些基本结构组成的，每一层图形的形状组合出上一层的图形，这是一个不断抽象和迭代的过程，低级的特征组合出高级的特征。

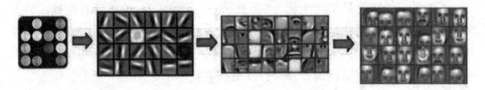

图 2-6-1　人脸特征提取过程图

2.6.2　卷积神经网络

深度学习中最经典的网络模型就是卷积神经网络（CNN）和循环神经网络（RNN）。

1. 卷积神经网络简介

卷积神经网络最早是由杨立昆（YannLeCun）教授和他的同事提出的，是一种专门为实现图像分类和识别而设计的深层神经网络。最经典的卷积神经网络是 LeNet-5，其网络结构如下图 2-6-2 所示。

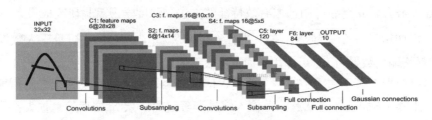

图 2-6-2　LeNet-5 网络模型图

利用 LeNet-5 实现手写体识别，也是非常经典的例子，下图 2-6-3 是杨立昆主页上实现手写体识别的演示图例。

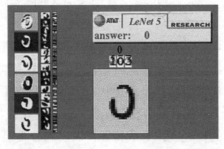

图 2-6-3　杨立昆主页上 LeNet-5 演示

全连接神经网络之所以不适合做图像识别问题是因为参数太多，没有运用到图像像素之间的位置信息，网络层数受限（很难训练一个深层的全连接神经网络）。而卷积神经网络之所以可以做图像识别就是因为解决了全连接神经网络的一些弊端，卷积神经网络与全连接神经网络的主要区别如下。

①局部连接：每一个神经元不需要和上一层神经网络的所有神经元连接，而是只连接其中的一部分，这将大大减少参数的数量。

②权值共享：一组连接可以共享同一个卷积核，这又减少了参数量。

③下采样：可以利用池化层（Pooling）来减少参数量。

图 2-6-4 生动地解释了全连接和局部连接的差异，将一个长宽分别为 1000 的图像作为输入，如果隐藏层有 1M 个神经元，全连接的话有 10^{12} 个连接数，而采用了局部连接后，如果一个神经元只感知 10×10 的区域，连接数就下降为 10^{8}。

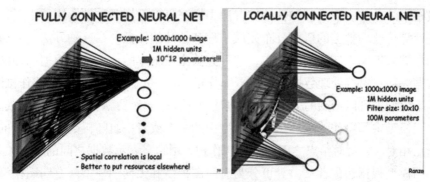

图 2-6-4　全连接与局部连接图

2. 卷积神经网络的结构

①输入层。卷积神经网络的输入层是整个网络的输入，卷积神经网络的输入为图像时，输入层由一张图片的像素矩阵来表示。这个矩阵的长和宽描述了图像的大小，深度描述的是图像的色彩信息。例如，黑白图像的深度是 1，可是在 RGB 彩色图像模式下，图像的深度就是 3。从第一层开始，卷积神经网络能将相邻层的数据矩阵通过全连接的方式连接起来，实现数据传递的功能。

②卷积层。卷积层是卷积神经网络最为核心的部分。卷积层首先会更加深入地分析网络中的每一个小块，然后从中提取更高级别的特征。一般情况下，经过卷积层处理过的节点矩阵的深度会加大。

③池化层（Pooling）。卷积神经网络在池化层中一般可以缩小矩阵的大小，但是不会改变矩阵的深度。经过池化层的处理之后，系统可以使全连接层中的

节点数量进一步缩小，最终实现减少整个卷积神经网络参数的目的。

④全连接层。学习过程经过多轮的卷积和池化之后，一般最后会产生1到2个全连接层，全连接层的作用是输出卷积神经网络的分类结果。通过多轮卷积和池化之后，输入图像中的原始信息已经被抽象成了高级特征。卷积神经网络的卷积层和池化层实现了提取图像特征的功能。在提取完特征之后，系统就可以通过全连接层实现分类的目的。

⑤Softmax层。Softmax层的主要作用是分类。给定样本经过Softmax层的处理之后得到的结果是该样本属于不同类别的概率分布。

2.7 隐马尔可夫模型

通过一部分已知的有结果的数据对未知的数据进行推理和估计就是机器学习最根本的任务。在推理和估计的方法中概率模型是一种非常有用的工具，同通过计算待处理数据的概率分布完成推理和估计的任务。在这种方法中，通过已知数据来推测未知数据的分布，这种方法中最基本的任务就是根据已知的样本数据去估计出待处理数据的条件概率分布。这一过程在概率模型中叫作推断。在概率模型中可以用图的方法表示数据相关关系，这种方法就叫作概率图模型。概率图模型中用图作为表达工具，模型中的一个或者一组随机数据与模型的一个结点相对应，每对结点之间的连接叫作边，用它来表示数据之间的相关关系，概率图模型根据边的性质差异可分为有向图模型和无向图模型。有向图模型又叫作贝叶斯网，它利用有向无环图来表示数据之间的相关关系。无向图模型又叫作马尔可夫网，它利用无向图来表示数据之间的概率关系。

2.7.1 隐马尔可夫模型的基本概念

隐马尔可夫模型（HMM）源于由马尔可夫链。马尔可夫链是一个离散随机过程，它的特点是在已知现在状态的情况下，它将来的变化过程与过去的变化过程无关。在每个变化过程中，系统所处的状态都是唯一的，并且每个状态与一个观测变量相对应。

隐马尔可夫模型与一阶马尔可夫过程相似，它们的不同点在于隐马尔可夫模型中包含两个随机过程，一个随机过程是描述状态转移具有有限个状态的马尔可夫链的状态序列，另一个随机过程是与状态有关的观测序列。在隐马尔可夫模型中，状态转移和每个状态对应的观测序列都是随机过程。模型中的观测值序列能够观测到，而状态转移序列并不能直接看到，只可以利用观测序列间接得到，也就是说状态转移序列是不确定的，因此叫作隐马尔可夫模型。

2.7.2　隐马尔可夫模型的基本参数

隐马尔可夫模型由具有状态转移概率矩阵的马尔可夫链和输出观测值的随机过程组成。隐马尔可夫模型的参数可以描述为以下几点。

① N：表示隐马尔可夫模型中马尔可夫链的状态个数。假如有 N 个状态，分别表示为 S_1，S_2，S_3，$\cdots$，S_N，在某一时刻 t，马尔可夫链所处的状态是 q_t，那么 $q_t \in (S_1,\ S_2,\ S_3,\ \cdots,\ S_N)$。

② M：表示与每个马尔可夫链状态对应的观测值个数。假如有 M 个观测值，分别表示为 o_1，o_2，o_3，$\cdots$，o_M，在某一时刻 t 的观测值为 o_t，那么 $o_t \in (o_1,\ o_2,\ o_3,\ \cdots,\ o_M)$。

③ π：表示初始概率分布矢量。$\pi \in (\pi_1,\ \pi_2,\ \pi_3,\ \cdots,\ \pi_N)$，其中

$$\pi_i = P(q_1 = S_i),\ 1 \leqslant i \leqslant N \tag{2-7-1}$$

q_1 表示初始时刻 1 的状态。

④ A：表示状态转移概率矩阵。$A = \{a_{ij}\}_{N \times N}$，其中

$$a_{ij} = P(q_{t+1} = S_j \mid q_t = S_i),\ 1 \leqslant i,\ j \leqslant N \tag{2-7-2}$$

⑤ B：表示观测值概率矩阵，$B = \{b_{jk}\}_{N \times M}$，其中

$$b_{jk} = P(o_t = V_k \mid q_t = S_j),\ 1 \leqslant j \leqslant N,\ 1 \leqslant k \leqslant M \tag{2-7-3}$$

这样，记 HMM 为 $\lambda = (N,\ M,\ \pi,\ A,\ B)$，简写为 $\lambda = (\pi,\ A,\ B)$。

隐马尔可夫模型中的两个随机过程，一个用 π，A 来表示，生成状态序列；另一个用 B 来表示，生成观测序列。图 2-7-1 为隐马尔可夫模型的组成框图，图中观测序列的时间长度用 T 来表示。

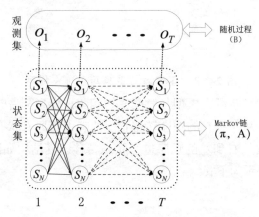

图 2-7-1　隐马尔可夫模型的组成框图

2.7.3 隐马尔可夫模型的结构类型

（1）按照隐马尔可夫模型的状态转移概率矩阵 A 分类

隐马尔可夫模型的基本结构由隐马尔可夫模型中的马尔可夫链形状确定，其结构主要分为各态遍历型隐马尔可夫模型和从左到右型隐马尔可夫模型两类。

各态遍历型隐马尔可夫模型是指经过有限步转移以后，模型可以处于模型中的任何一个状态，就是说允许模型从一个状态转移到模型中的任何一个状态（包括自身）。其结构如图 2-7-2 所示，这种隐马尔可夫模型中的状态转移矩阵的元素都是大于零的。由此我们可以看出各态遍历型隐马尔可夫模型不满足时间顺序的要求，因为它能够到达任何状态（包含以前的状态），因此只可以用在与时间顺序无关的地方。

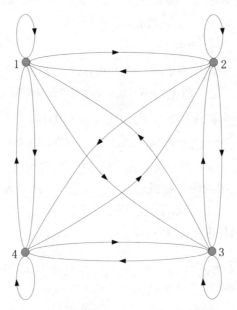

图 2-7-2　各态遍历型隐马尔可夫模型

从左到右型隐马尔可夫模型与时间密切相关，模型随着时间的推移，模型中的状态只可以按从左到右的顺序转移状态或者保持原有状态不变，停在原来状态，而不可以按从右到左的顺序进行状态转移，其结构如图 2-7-2 所示，它的约束条件可以表示为下式。

$$a_{ij} = 0, \quad i > j \qquad (2\text{-}7\text{-}4)$$

因此，状态转移矩阵 A 必须为右上三角矩阵，矩阵对角线以下的左下三角内的值都等于 0，即

$$A = \begin{bmatrix} a_{11} & a_{12} & a_{13} & a_{14} \\ 0 & a_{22} & a_{23} & a_{24} \\ 0 & 0 & a_{33} & a_{34} \\ 0 & 0 & 0 & a_{44} \end{bmatrix}$$

在从左到右型隐马尔可夫模型中，状态转移必须由 1 开始，因此模型初始状态概率必须满足下面特征。

$$\pi_i = \begin{cases} 0, & i \neq 1 \\ 1, & i = 1 \end{cases} \qquad (2\text{-}7\text{-}5)$$

由从左到右型隐马尔可夫模型的特征我们可以看出，该模型适合对随时间变化的变量进行建模，利用该模型能够表达出信号的时序关系。在从左到右型隐马尔可夫模型中，其虽然对状态转移概率增加了限制，但这并不影响隐马尔可夫模型应用。从左到右型隐马尔科夫模型，如图 2-7-3 所示。

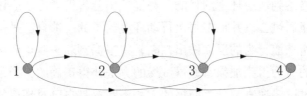

图 2-7-3　从左到右型隐马尔可夫模型

（2）按照隐马尔可夫模型的输出概率分布矩阵 B 分类

按照隐马尔可夫模型的输出概率分布（B 参数），可以将隐马尔可夫模型分为离散型模型和连续型模型两类。B 参数是一个隐马尔可夫模型的重要参数，它表示在某个确定状态下，观测序列的输出概率分布。

在连续型隐马尔可夫模型中，因为输出的观测序列是连续的，不可以用矩阵的形式来描述输出概率，只能用概率密度函数的形式来描述，一般情况下，概率密度函数都是用高斯概率密度函数来模拟。可是在实际环境中，通常一个高斯概率密度函数并不符合实际应用，这种情况下的解决办法是用几个高斯概率密度函数的线性组合来代替。

在离散型隐马尔可夫模型中，每一个状态的输出概率按照观测序列离散分布。离散型隐马尔可夫模型的缺点是会降低系统的识别率，但离散型隐马尔可夫模型的优点是计算量小，易于实现，因此得到了广泛应用。

2.8　强化学习

强化学习技术在人工智能、机器学习和自动控制等领域中得到了广泛研究和应用，并被认为是设计智能系统的核心技术之一。特别是随着强化学习的数学基础研究取得突破性进展后，人们对强化学习地研究和应用逐渐开展起来，成为目前机器学习领域的研究热点之一。

强化学习是以使行为从所处的环境中得到的总回报率最大为目标的一种从环境状态到行为映射的学习方法。它又被称为增强学习、加强学习或激励学习。强化学习以动物学习心理学作为研究基础。在生物为适应环境而进行的学习过程中，特别是人在学习过程中，人从来不是静止地等待环境的变化，而会主动地去探究环境的变化，环境对人类的试探会产生反馈，人会根据环境的反馈来及时调整后续试探动作。强化学习就是利用这种反复地试探和反馈，在与环境的适应中学习，利用环境对不同试探的反馈来优化强化学习系统，最终实现学习的目的。来自环境的反馈信号一般叫作奖赏值或强化信号。

强化学习研究如何与环境交互并从中学习，在学习过程中根据环境的反馈学习知识，最终达到适应环境的目的。环境并不会告诉学习者应该采取哪个行动，学习者只能通过尝试并根据每次行动环境给予的反馈自己进行选择。它只能根据环境对所采取行为的反馈做出判断，并根据判断来修正后续的行为，使环境认为正确的行为得到加强，通过试探的方法获得正确的行为来适应环境。强化学习中通过试错搜索和延迟回报的方法不断提高自己对环境的适应性及自身的性能。强化学习从环境的反馈中直接获取指导下一步行动的规则。强化学习不依赖外部信号激励，只依据反馈信号来完善自身性能。

一个实际的系统所处的环境一般情况下都是复杂而且实时变化的环境。因此，学习规则的设计要根据对应环境的不同而不同。

表 2-8-1 中，离散状态指系统所处的状态是以离散型数据的形式存在的，连续状态是指系统所处的状态是以连续型数据的形式存在。插曲式环境是指学习系统在每次学习到的知识对下一次学习是有帮助的，而非插曲式环境是指学习系统每次学习到的知识彼此没有任何关联。确定性环境是指学习系统所处状态的转换是确定性的，也就是说从一个状态到下一状态的转换是唯一的，而在非确定性环境中，从上一个状态到下一个状态的转换是不确定的。静态环境是指如果状态转换的模型是稳定的不变的，否则就叫作动态环境。

表 2-8-1　环境的描述

问题 1	离散状态 vs 连续状态
问题 2	插曲式 vs 非插曲式
问题 3	确定性 vs 非确定性
问题 4	静态 vs 动态

2.8.1　强化学习原理

通常强化学习系统的基本结构包括环境和智能体两部分。环境是指学习系统的工作环境，智能体能够通过传感器转换和接收所在环境传递的信息，并且通过执行机构对环境给予的信息做出相应的反应。也可以说，除了智能体以外的与智能体有信息或者行为交流的事物，都被认为是环境。

智能体在与所处环境的互动过程中，强化学习系统通过反复试错的方式来学习以适应环境。这种试错的学习方式既不属于监督式学习也不属于无监督式学习，是一种特殊的与策略有关的学习方式。这种学习方式可以实时地接收所处环境传递的状态信息，然后利用反馈强化信号评判系统做出的反应是否合适，经过反复地试错和不断地选择，使得获得的策略达到最优。

在强化学习方法中，如果智能体的一个行为策略使得环境对该智能体奖赏值为大于零的值，那么该智能体在以后所采用的策略中，该行为策略的机会就能够加强。与之相反的是，如果环境根据某个行为策略对该智能体的奖赏为负的情况下，那么该智能体在以后所采用的策略中使用该行为策略的机会就会减弱。

环境与智能体进行彼此交互的基本框架如图 2-8-1 所示。在强化学习过程中，智能体不断地与环境进行交互，在每一时刻循环发生如下事件序列。

①智能体可以时刻感知当前的环境状态。

②根据目前所处的状态及强化值，智能体可以选择某个动作执行。

③当智能体所做出的动作传递到环境的时候，环境就会产生相应的变化，也就是说环境状态转换到一个新的状态并做出奖赏（强化信号）。

④环境给出的奖赏同时也会反馈给环境。

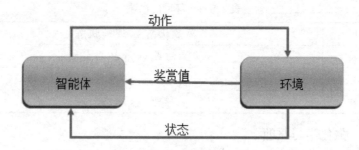

图 2-8-1 强化学习框架

下面可以对强化学习的过程进行一个总结，首先智能体产生一个动作，该动作会被环境感知，环境接收该动作之后自身的状态会有所变化，同时会对该动作做出评判，并将结果（强化信号）反馈回智能体，智能体会根据反馈结果（奖或罚）及环境所处的状态再一次做出相应的动作，做出下一个动作的原则是使得到奖赏值为正的概率增加。该动作既会影响到环境状态的变化，也会影响到下一次的奖赏值和最终的强化值。强化学习的最终目标是通过反复的试错学习获得一个最优策略，该策略可以使智能体得到的总的奖赏值最大。

强化学习属于一种适应环境的机器学习方法，其特点如下。

①在强化学习过程中，智能体通过反复试错的方式与环境进行交互达到学习的目的。

②强化学习系统不要求具备先验知识，环境通过奖赏的方式指导智能体学习，不需要教师提供正确答案来指导学习。

③强化学习适用于不确定性的环境。

④强化学习的体系结构具备可扩展性。强化学习系统可以扩展到其他机器学习领域。

2.8.2 强化学习系统的组成

强化学习系统中的包含的要素如图 2-8-2 所示，一个强化学习系统除了智能体和环境以外，还包括策略、奖赏函数、值函数及环境的模型四个组成要素。

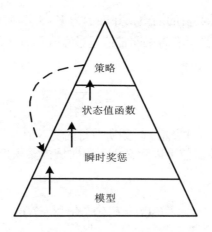

图 2-8-2　强化学习中的要素

（1）策略

策略也叫作决策函数，在每个可能的状态下，决策函数规划处智能体可以做出行为的集合。决策函数是强化学习的核心，决策函数的性能决定了智能体的行为及决策系统的性能，但是决策函数也具有一定的随机性。

对于状态集合 S 中的每一个状态 s，决策函数都有一个行为集 A 中的一个行为 a 与之相对应，实际上策略描述的是状态集合中的每个状态到与之相应的行为的映射关系。

关于任意状态所能选择的策略组成的集合 F，其被称为允许策略集合，$\pi \in F$。在允许策略集合中找出使问题具有最优效果的策略 π^*，其被称为最优策略。

（2）奖赏函数

智能体在与环境交互的过程中，可以从环境获得奖励信号，奖赏函数对智能体做出的行为与获得的奖励信号会做出评判。奖赏函数是智能体对其策略进行修正的基础。奖赏信号是对智能体所产生动作的性能优劣的一种评价信号，一般情况下奖赏信号为正数表示奖，奖赏信号为负数表示罚，它是一个标量。通常正值越大意味着奖得越多，而负值越小意味着罚得越多。强化学习系统的目标是使智能体所得到的总奖赏值最大化。

（3）值函数

值函数又叫作评价函数。与奖赏函数不同，值函数是从总体的角度去评价某个状态或状态到行为的映射关系的优劣。而奖赏函数只对一个具体的行为做出评价。

某个状态 s_t 的值是指智能体在状态 s_t 下按照某个策略 π 产生行为 a_t 及采用

应对策略所获得的总奖赏的期望，并表示为 $V(s_t)$。

如果用 $V(s_t)$ 定义所有将来奖赏值通过衰减率 $\gamma(\gamma \in [0, 1])$ 作用后的总和，则它可以用下式表示。

$$V(s_t) = E(\sum_{i=0}^{\infty} \gamma^i r_{t+i}) \qquad （2-8-1）$$

式中，$r_t = R(s_t, a_t)$ 表示 t 时刻所获得的奖赏值。

某个策略 π 的值函数可以定义为无限时域内累积折扣奖赏的期望值，并用下式表示。

$$V_\pi(s) = E_\pi(\sum_{t=0}^{\infty} \gamma^t r_t \mid s_0 = s) \qquad （2-8-2）$$

式中，r_t 表示在时刻 t 的立即奖赏值，s 表示在时刻 t 的状态，由于衰减系数 $\gamma(\gamma \in [0, 1])$ 的作用，使得邻近的奖赏尤为重要。

如果系统可以用 $Q(s, a)$ 描述在状态为 s_t 的情况下执行动作 a 及应用相应策略的折扣奖赏和的期望，那么 Q 函数实际上是另一种评价函数。在有些情况下，记录状态 - 行为对的值比只记录状态的值更具有价值。其实 Q 值所描述的就是状态 - 行为对的值。

Q 值实际上是智能体对环境所给予的奖赏的一种预测。对于某个存在的状态 s，如果其所获得的奖赏值越低，这并不表示它的 Q 值会越低。因为如果状态 s 的后续状态能够获得更高的奖赏值，那么它仍然能够获得更高的 Q 值。智能体要根据 Q 值来确定其行为，而估计值函数的作用是使其获得更高的奖赏值。也就是说，智能体产生进一步动作的依据是使下一个新状态具有更高 Q 值，而不是在下一个新状态条件下产生的奖赏值更高。因为在总体情况下，采取行为可能获得更高的奖赏值。因为奖赏值通常情况下是环境直接给出的，而 Q 值是智能体在其整个学习过程中通过不断地观测以及估计才能获得的。因此，确定值函数要比获得奖赏值困难。因此，研究强化学习算法的关键在于研究值函数。

（4）环境的模型

外界环境要想作用于学习系统，必须对其建立数学模型。环境模型其实就是对真实环境进行模拟，在学习过程中智能体在确定状态下产生某一行为，环境模型会针对该行为产生下一个状态并对该行为做出评价。

强化学习中的策略、奖赏函数、值函数及环境的模型之间的关系如图 2-8-3 所示。

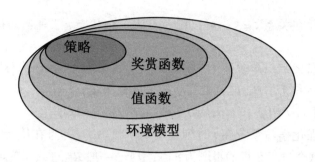

图 2-8-3　强化学习中元素之间关系

2.8.3　马尔可夫决策过程

在强化学习所处理的问题中，其中包括随机的、离散状态、离散时间这样一类问题，这类问题是应用中比较常见的一类问题。下面我们就采用比较常用的马尔可夫模型的方法对其进行数学建模。几种常用的马尔可夫模型的环境适用条件在表 2-8-2 中给出。

表 2-8-2　常用的几种马氏模型

马尔可夫模型否		环境状态转移	
		是	否
环境可知情况	否	马尔可夫链	马氏决策过程
	是	隐马尔可夫模型	部分感知马氏决策过程

在研究随机的、离散状态、离散时间这样一类问题的强化学习的前提是要把智能体与环境间的交互过程当成一个马尔可夫过程来处理，因此这类问题的强化学习研究内容就是研究马尔可夫决策过程（MDP）。而马尔可夫决策的前提条件是，当前所处的状态和产生的行为决定了向下一状态转移的概率及对当前行为的奖赏值，并且与所有的以往的状态和所有以往的行为无关。

在智能体在与所处环境的互动过程中，强化学习系统通过反复试错的方式来学习以适应环境。假设在 $t=1,2,3,\cdots$ 时刻观测一个系统，那么一个有限的马尔可夫决策过程由以下几个元素组成。

$$< S,\ A(s),\ p(s,\ a,\ s'),\ r(s,\ a),\ V\ |\ s,\ s' \in S,\ a \in (A(s)) >$$

各个元素的含义如下。

① S 表示所有可能的状态组成的集合，有的地方也将它叫作系统的状态空间，这个集合可以是有限集合或者其他任意非空集合。一般情况下假设 S 是有限的，并用字母 s，s' 等来表示集合中的某个状态。

②其中存在关系 $s \in S$，可以用 $A(s)$ 表示在状态 s 下所有可能产生动作的集合。

③假设强化学习系统在 t 时刻处在某个状态 s，并且在执行动作 a 之后，那么强化学习系统在 $t+1$ 时刻处在状态 s' 的概率是 $p(s, a, s')$。那么所有状态下的概率集合 $P = \{p(s, a, s')\}$ 被叫作转移概率矩阵。

④假设强化学习系统在 t 时刻处在某个状态 s，并且在执行动作 a 之后，学习系统对这个过程获得的报酬为 $r(s, a)$，一般 $R = r(s, a)$ 叫作报酬函数。

⑤式中 V 被叫作准则函数或者目标函数，一般情况下，期望折扣总报酬、期望总报酬和平均报酬等都可以作为准则函数。

在强化学习过程中如果转移概率函数 $p(s, a, s')$ 和报酬函数 $r(s, a)$ 与时间无关，则称该过程是平稳的，这种马尔可夫决策过程则被称为平稳的马尔可夫决策过程。

当强化学习系统在 t 时刻处于状态 s_t，采取的行动是 a_t，学习系统对这个过程获得的报酬为 $r(s_t, a_t)$。马尔可夫决策过程由所有历史状态和决策组成，其形式可以表示为

$$h_t = (s_1, a_1, s_2, a_2, \cdots, s_{t-1}, a_{t-1}) \tag{2-8-3}$$

并且称 h_t 为学习系统到 t 时刻的历史，那么所有时刻的全体表示为 H。

系统的一个策略是指一个序列 π（π_1，π_2，$\cdots$），当系统到达某个时刻 t 时该，策略按 $A(s_t)$ 上的概率分布 $\pi_t(\cdot | h_t)$ 采取决策。如果了 π 满足条件则

$$\pi(\cdot | h_t) = \pi_t(\cdot | s_t), \quad t = 1, 2, 3, \cdots \tag{2-8-4}$$

如果式（2-8-4）与历史无关，那么可以称其为马尔可夫策略。

如果用 π 表示给定策略，而且用 r_t 表示 t 时刻所获得的报酬，那么几种常用的准则函数可以定义如下。

有限时段期望的总报酬可以用下式表示。

$$V_N^\pi = E_\pi \left\{ \sum_{t=1}^{N} r_t \mid s_t = s \right\}, \quad s \in S \tag{2-8-5}$$

式中，N 表示时段数。

在强化学习处理实际问题过程中，经常会遇到时段数是随机的情况。该情况下期望总报酬可以用下式表示。

$$V^\pi(s) = \lim_{N \to \infty} E_\pi \left\{ \sum_{t=1}^{N} r_t \mid s_t = s \right\}, \quad s \in S \tag{2-8-6}$$

在式中，如果 N 趋于无穷大时，问题就变成无限时段问题，但是结果有可

能不收敛，这种问题一般应用很少。

无限时段期望折扣总报酬可以用下式表示。

$$V^{\pi}(s) = \lim_{N \to \infty} E_{\pi} \left\{ \sum_{t=1}^{N} \gamma^{t-1} r_t \mid s_t = s \right\}, \quad s \in S \qquad （2\text{-}8\text{-}7）$$

期望平均报酬可以用下式表示。

$$\rho^{\pi}(s) = \lim_{N \to \infty} \frac{1}{N} E_{\pi} \left\{ \sum_{t=1}^{N} r_t \mid s_t = s \right\}, \quad s \in S \qquad （2\text{-}8\text{-}8）$$

在下面列出的几个假设都成立的条件下，这个极限是存在的。

① S 是有限的。

② π 是平稳的马尔可夫过程。

③在 π 下马尔可夫决策过程不是周期的。

产生某个动作的值函数可以定义为

$$Q^{\pi}(s, \ a) = E_{\pi} \left\{ \sum_{t=1}^{\infty} \gamma^t r_t \mid s_t, \ a_t = a \right\} \qquad （2\text{-}8\text{-}9）$$
$$= E_{\pi} \left\{ r_1 + \gamma V^{\pi}(s_2) \mid s_1 = s, \ a_1 = a \right\}$$

发现最优策略 π* 是强化学习的根本目的，这个策略实质上是一个从状态集合到行动集合的映射过程，并且利用计算值函数来评价策略的优劣。其中的最优值可以通过下式获得。

$$V^*(s) = \max_{\pi} V^{\pi}(s), \quad s \in S \qquad （2\text{-}8\text{-}10）$$

也可以递归定义为

$$V^*(s) = \max_{a \in A(s)} (r(s, \ a) + \gamma \sum_{s'} p(s, \ a, \ s') V^*(s)), \quad \forall s \in S \qquad （2\text{-}8\text{-}11）$$

由此可得出最优策略

$$\pi^*(s) = \arg\max_{a \in A(s)} (r(s, \ a) + \gamma \sum_{s'} p(s, \ a, \ s') V^*(s')), \quad \forall s \in S \qquad （2\text{-}8\text{-}12）$$

最优动作值函数为

$$Q^*(s) = \left\{ (r(s, \ a) + \gamma \sum_{s'} p(s, \ a, \ s') \max_{a \notin A(s)} Q^*(s, \ a) \right\} \qquad （2\text{-}8\text{-}13）$$

从 Q 值就可以得出最优策略

$$\pi^*(s) = \arg\max_{a \in A(s)} Q^*(s, \ a) \qquad （2\text{-}8\text{-}14）$$

式（2-8-13）和（2-8-14）有些地方叫作贝尔曼最优方程，这个方程有很多各种各样的解法，如值迭代法、策略迭代法等。

2.8.4 强化学习的主要算法

1. 动态规划

动态规划（DP）是在马尔可夫决策过程模型中的环境模型为已知的条件下，寻找最优决策策略方法的统称。比较常用的动态规划方法主要有值函数迭代法、策略迭代法和改进的策略迭代法。值函数迭代法是一种逐次逼近算法，它实际上是有限时段的动态规划算法在无限时段上的推广。策略迭代法实际上是一种建立在 Bellman 最优方程基础上的算法。改进的策略迭代法也叫作一般化策略迭代法，该算法将上面两种算法有机地结合在一起。

在动态规划学习算法中，状态转移概率函数 P 和奖赏函数 R 的环境模型是已知的，在这种条件下，可以从随机给定的某个策略 π_0 开始，并且使用策略迭代的方法逼近最优值函数值 V^* 和最优决策策略 π^*。在式（2-8-15）和式（2-8-16）中迭代步数用 k 来表示。

$$\pi_k(s) = \arg\max_a \sum_{s'} P_{ss'}^a \left[R_{ss'}^a + \gamma V^{\pi_{k-1}}(s') \right] \tag{2-8-15}$$

$$V^{\pi_k}(s) \leftarrow \sum_a \pi_{k-1}(s, a) \sum_{s'} P_{ss'}^a \left[R_{ss'}^a + \gamma V^{\pi_{k-1}}(s') \right] \tag{2-8-16}$$

2. 蒙特卡罗算法

蒙特卡罗算法（MC）是一种无模型的学习方法。蒙特卡罗方法既不需要系统模型和状态转移函数，也不需要报酬函数。智能体与环境的交互过程必然会产生包括状态、行为和奖赏值得样本，蒙特卡罗方法只需要这些样本数据，并从中获得最优决策策略。蒙特卡罗方法是一种求取平均化样本回报值来进行学习的方法。

在蒙特卡罗强化学习方法中，因为并不知道 P 函数和 R 函数，那么强化学习系统不能直接利用（2-8-15）式和（2-8-16）式计算值函数。因此，蒙特卡罗方法只能利用如式（2-8-17）所示逼近的方法对值函数进行估算。如果学习系统采用某种策略 π，则式中 R_t 表示从某个状态 s_t 开始获得的真实的累计折扣奖赏值，$R_t = r_{t+1} + \gamma r_{t+2} + \gamma^2 r_{t+3} + \cdots = r_{t+1} + \gamma R_{t+1}$。如果一直采用 π 策略，并在每次的学习迭代过程中一直采用式（2-8-17）进行逼近，那么结果将逼近式（2-8-6）。

$$V(s_t) \leftarrow V(s_t) + \alpha \left[R_t - V(s_t) \right] \tag{2-8-17}$$

下面在策略 π 一定的条件下，来估计 $V^*(s)$。假设存在某个一定的终止状态，并且在有限步内任何决策策略都可以进入终止状态。在计算值函数的值的过程中需要多次应用决策策略。其中一次运行过程如图 2-8-4 所示，该过程称为一个片段。

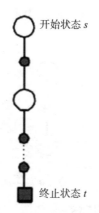

开始状态 s

终止状态 t

图 2-8-4　蒙特卡罗算法回溯图

上图所示的过程就是一个片段。当环境状态到达终止状态以后，将获得的积累回报记为开始状态 s 的值函数。在从开始状态 s 开始达到终止状态 t 的过程中，s 出现的次数可以是多次。对 s 的值函数的计算至少需要有两个步骤：首先将开始的回报给予首次访问开始状态 s 的值函数，然后再将每次访问开始状态 s 到终止状态 t 的回报平均后给予开始状态 s 的值函数。

蒙特卡罗方法在计算一个状态的值函数的过程中是独立的，它只与当前状态有关而与其他状态无关。某些问题状态之间本身就是无关的，这些问题正好满足蒙特卡罗适用条件。

3. 瞬时差分算法

瞬时差分（TD）算法是蒙特卡罗方法和动态规划算法的融合，同蒙特卡罗方法类似的是该方法也是从原始经验开始学习，并不需要外部信息的指导。依据不同的状态转换策略，可以划分出很多学习算法，这些算法中最简单的瞬时差分算法是 TD（0）算法，它的更新公式可以表示为式（2-8-18）。

$$V(s_t) \leftarrow V(s_t) + \alpha[r_{t+1} + \gamma V(s_{t+1}) - V(s_t)] \qquad （2\text{-}8\text{-}18）$$

公式中的参数 α 叫作学习率，γ 叫作折扣率。通常情况下，瞬时差分算法中 $r_{t+1} + \gamma V(s_{t+1})$，$V(s_t)$ 的更新是建立在 $V(s_{t+1})$ 的基础上的。类似于动态规划中对当前状态的值函数评估时需要它后面获得的值函数，属于一种迭代的方法。

在 TD（0）策略的赋值过程，与蒙特卡罗方法中获取回报值相似，只是

TD（0）算法在进入下一状态时就能够获取下一状态的值函数和即时报酬的和 $r_{t+1}+\gamma V(s_{t+1})$，并把这个和当成目标值进行更新，而不像蒙特卡罗方法要等到片段结束之后才能更新值函数。TD算法中最简单的TD（0）算法的回溯图如图 2-8-5 所示。

图 2-8-5　TD（0）算法回溯图

4.DP、MC 和 TD 方法的比较

图 2-8-6 比较了动态规划方法、蒙特卡罗方法和瞬时差分算法计算状态值函数的差异。如图 2-8-6（a）所示，为动态规划方法的概率模型，该方法需要用式（2-8-16）Bootstrapping算法返回全部可能分支奖惩值的加权和；如图 2-8-6（b）所示，蒙特卡罗方法只返回一次学习循环所得到的奖惩值，之后再进行多次学习，使用最新得到的奖惩值对实际的状态值函数进行逼近，这个公式如式（2-8-17）所示；如图 2-8-6（c）所示，瞬时差分算法与蒙特卡罗方法类似，只返回一次学习循环所得到的奖惩值，但同时与动态规划方法相类似通过Bootstrapping算法计算状态的值函数，然后再进行迭代，最后利用式（2-8-18）来对实际的状态值函数进行逼近。

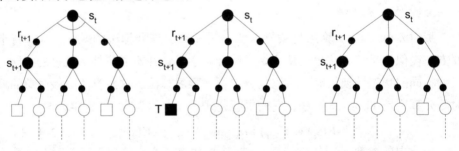

（a）动态规划方法　　　（b）蒙特卡罗方法　　　（c）瞬时差分方法

图 2-8-6　计算值函数的方法

5.Q 学习

20 世纪 80 年代沃特金斯首次提出 Q 学习算法。这种学习算法是一种与模型无关的强化学习算法，该算法主要研究马尔可夫决策过程环境模型的求解问题。Q 学习算法提出之后获得众多学者的重视。

Q 学习算法是一种延迟学习方法。算法源自动态规划理论。在 Q 学习算法中，系统可以将策略和值函数的关系表示为查询表。对于算法中的状态 x 和行为 a 的关系如下式所示

$$Q^*(x,\ a) = R(x,a) + \gamma \sum_y P_{xy}(a)V^*(y) \qquad (2\text{-}8\text{-}19)$$

其中，$R(x,\ a) = E\{r_0 \mid x_0 = x,\ a_0 = a\}$，$P_{xy}(a)$ 是对状态 x 执行动作 a 导致状态转移到 y 的概率。

Q 学习算法维护 Q 函数的估计值（用 Q^* 表示），它根据执行的动作和获得的奖赏值来调整 Q^* 值（经常简单地叫作 Q 值）。$\hat{Q}^*$ 值的更新根据萨顿（Sutton）的预测偏差或 TD 误差——即时奖赏值加上下一个状态的折扣值同现在状态 - 行为对的 Q 值的差值

$$r + y\hat{V}^*(x) - \hat{Q}^*(x,\ a) \qquad (2\text{-}8\text{-}20)$$

其中，r 是即时奖赏值，y 是在状态 x 执行动作 a 迁移到的下一个状态，$\hat{V}^*(x) = \max_a \hat{Q}^*(x,\ a)$。因此，$\hat{Q}^*$ 值根据下面的等式来更新

$$\hat{Q}^*(x,\ a) = (1-\alpha)\hat{Q}^*(x,\ a) + \alpha(r + \gamma\hat{V}^*(y)) \qquad (2\text{-}8\text{-}21)$$

其中，$\alpha \in (0,1]$ 是控制学习率的参数，指明了要给相应的更新部分多少信任度。

Q 学习算法使用 TD（0）作为期望返回值的估计因子。Q^* 函数的当前估计值由 $\pi(x) = \arg\max_a \hat{Q}^*(x,\ a)$ 定义了一个贪婪策略，也就是说，贪婪策略根据最大的估计 Q 值来选择动作。

然而，在一阶 Q 学习算法中，智能体应该执行什么样的动作并没有在每个状态更新估计值时给出。事实上，所有动作都有可能被智能体执行。这意味着在维护状态的当前最好的估计值时，Q 学习允许采取任意的实验。更近一步，自从根据状态表面上最优的选择更新了函数之后，跟随那个状态的动作就不重要了。从这个角度来讲，Q 学习算法不是实验敏感的。

算法中智能体必须把每个状态的所有可能执行的行为进行多次实验，才能寻找到最优的 Q 函数。通过实验人们可以发现，假如式（2-8-21）被多次作用在所有的状态 - 行为对，将状态 - 行为对的 Q 值修改次数趋近于无穷次时，结果是使 $\hat{Q}^*$ 最后可以收敛到 Q^*，$\hat{V}^*$ 最后可以收敛到 V^*，只要 a 以合适的速率降到 0，收敛的概率就是 1。Q 学习的回溯图如图 2-8-7 所示。

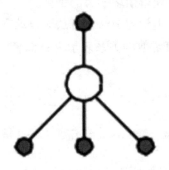

图 2-8-7　Q 学习回溯图

2.9　集成式学习

对于一个复杂任务，把多个专家给出的结论通过一定的方法进行综合所给出的结果，要比其中任何一个专家单独给出的结果要更可靠。这就是集成式学习的基本思想。对应到算法中，专家就是分类器，但面临某一个复杂的问题时，单一的分类器未必能将问题有效地解决。通常人们将这种分类器叫作弱分类器。一般来说弱分类器的分类结果仅比猜测好。面对复杂的问题，我们又无法轻松地找到一个强分类器，因此一个自然的想法就是能不能利用多个这种弱分类器构成出某种强分类器。这便是集成学习的思想。我们用 e 表示一个弱分类器的错误概率，因为弱分类只比随机猜测强一点，因此 $e<0.5$，但 e 又和我们期望的错误率相差较远。假定随机猜测的概率为 0.5，定义 $r=0.5-e$，因为 $e<0.5$，所以 $r>0$，这个 r 表示我们当前的弱分类器比随机猜测强。

其中主要有自助法，自助法中又包括提升方法（Boosting）和引导聚集算法（Bagging）等具体构造方法。

自助法属于一种有回放的抽样方法。自助法是非参数统计中一种重要的进行区间估计的统计方法。算法的基本步骤可以描述如下。

①从原始训练样本中抽取一定数量的样本，抽取过程允许重复抽样。

②依据抽样样本统计所要求的统计量 X。

③上述过程可以重复 N，就可以得到 N 个统计量。需要注意的是 N 一般大于 1000。

④计算获得的 N 个统计量方差，最后获得的就是统计量的方差。

可以说自助法是现代统计学中统计效果非常优异的一种统计方法。特别是研究小样本问题时，自助法的效果更为理想。

Bagging 算法中需要进行多次训练，每次的训练所需要的训练样本集要求重新构建，训练样本集中的训练样本都是从总的训练样本集中随机抽取的 n 个训练样本构成。每次抽取的样本是回放的，也就意味着训练样本集中的样本可以是重复的。每次训练之后都可以获得一个预测函数序列，最后的分类结果通过投票的方式获得。假如通过多次训练之后可以得到 R 个分类器，对于给定的新的样本 x，用这 R 个分类器进行分类时，就可以得到 R 个结果，最后的结果通过投票的方式由得票最多的那个类别确定。

2.9.1　Boosting 方法

对于任意给定学习算法都可以通过 Boosting 方法来进一步提高给定学习算法的准确度。Boosting 方法由 PAC 学习模型发展而来。在 PAC 学习模型中用到两个重要概念即弱学习和强学习。所谓弱学习是指分类准确率只比随机猜测稍好的学习算法，通常分类正确率大于 50%。强学习算法是指在多项式时间内分类正确率可以很高的学习算法。而且有学者在 PAC 学习模型中研究了弱学习算法和强学习算法之间的转化问题，即任意给定的弱学习算法，如果可以把弱学习算法通过某种手段提升为强学习算法，就不需要研究很难设计的强学习算法，只需设计一个弱学习算法，通过这种提升方法就可以将其转变为强学习算法。早期 Boosting 算法的缺点在于都要求事先获得弱学习算法学习正确率的下限值。为了克服这一缺点，又有学者在 Boosting 算法的基础上提出了它的改进算法即 AdaBoost 算法，AdaBoost 算法不需要任何关于弱学习器的先验知识，而效率与早期的 Boosting 算法基本一致，因此得到了广泛应用。

1. AdaBoost 算法

Boosting 算法的应用条件是要求事先获得弱分类算法分类正确率的下限值，一般来讲这个值很难得到，这对于 Boosting 算法的应用是最大的障碍。AdaBoost 算法克服了这一缺点并且该算法的效率与原算法基本一致。AdaBoost 算法是 Boosting 算法中最具代表意义的算法。AdaBoost 算法中涉及一个重要的概念即分布权值向量 $D(x)t$。而 AdaBoost 算法的主要任务就是更新这个分布权值向量。AdaBoost 算法首先设计一个若分类器，也称为基分类器；然后利用训练集计算弱分类算法的错误率，再用获得的错误率去修改分布权值向量，使错误分类样本的权值变大而使正确分类样本的权值变小，在每次修改完分布权值向量之后再用同样的弱分类算法生成新的分类假设，这些后续产生的序列就组成了多分类器；最后融合多分类器的分类结果就可以获得最终的分类结果。AdaBoost算法不要求基分类算法的识别率很高，基分类器的识别率只要大于50％就能够符合要求。

在学习算法的应用中，生成多个弱分类算法要比设计一个强分类算法容易很多。AdaBoost算法的目标就是将容易生成的弱分类算法提升为强分类算法，在提高识别率的同时降低了识别算法的设计难度，这就是AdaBoost算法的优势所在。在设计分类算法时，只需要设计一个弱分类算法，就可以通过AdaBoost学习算法将其提升为强分类算法，从而克服了设计强分类算法的困难。

Adaboost学习算法是一个迭代算法，它可以分成以下几个步骤进行。

第一步是初始化训练样本的权值分布向量。如果样本集中存在 N 个训练样本，那么每个数据的初始权重都是相同的。

第二步是训练弱分类器。训练的主要任务是更新训练样本的权值分布向量。如果训练样本可以正确分类，那么在构造新的训练集时，该训练样本的权重将被降低；如果训练样本被错误分类，那么该训练样本的权重将被提高。更新完权重之后，再用新构造的训练样本集被训练新的分类器，这个过程反复进行就可以生成多个弱分类器。

第三步是将获得的多个弱分类器生成强分类器。在生成多个弱分类器之后，对于分类正确率较高的弱分类器可以分配较大的权重，使其在最终的分类函数中起到更重要的作用，而对于分类正确率较低的弱分类器可以分配较小的权重，使其在最后的决策中起的作用较小。

算法得数学形式如下。

输入：训练样本集 $T=\{(x_1, y_1), (x_2, y_2), \cdots, (x_N, y_N)\}$，其中 $x_i \in X \subseteq R_n$，表示输入的训练样本，$yi \in Y=\{-1, +1\}$，表示类标签；用 $h(x)$ 表示弱学习算法。

输出：用 $H(x)$ 表示最终分类器。

流程：①初始化训练样本的权值分布向量，初始为均匀分布。

$$D_m = (w_m^1, w_m^2, \cdots, w_m^N)$$

其中 D_i 表示第 i 次训练过程中每个样本的权重。其初始值对于所有样本等概率分布，即 $D_1 = (\frac{1}{N}, \frac{1}{N}, \cdots, \frac{1}{N})$。

②对 $m=1, 2, \cdots, M$，分别进行弱分类器的选择，并计算每个弱分类器的权重和更新样本权重 D_m。

a. 使用带有权值分布 D_m 的训练样本集进行训练（可以任意选一种模型，且每一轮迭代选用的模型都可以不同），通过训练可以获得一个弱分类器

$$h_m(x) = X \rightarrow \{-1, +1\} \tag{2-9-1}$$

其中 $h_m(x)$ 表示一个弱分类器，这个分类器将样本从特征空间 X 分布映射到一个二值分布空间，其中 -1 表示负样本，+1 表示正样本。

b. 计算 $f_m(x)$ 在训练数据库上的分类误差率。

$$e_m = P(h_m(x_i) \neq y_i) = \sum_i w_m^i I(h_m(x_i) \neq y_i) \tag{2-9-2}$$

其中 $P(x)$ 表示的是概率值，$I(x)$ 表示只是函数，即当括号内的表达式成立时，$I(x)=1$，否则 $I(x)=0$。

c. 计算弱分类器 $h_m(x)$ 的系数。

$$\alpha_m = \frac{1}{2} \log \frac{1-e_m}{e_m} \tag{2-9-3}$$

d. 更新训练数据的权值分布为 $D_{m+1} = (w_{m+1}^1, \ w_{m+1}^2, \ \cdots, \ w_{m+1}^N)$，其中 w_{m+1}^i 为

$$w_{m+1}^i = \frac{w_m^i}{Z_m} \exp(-a_m y_i h_m(x_i)), \ i=1, \ 2, \ \cdots, \ N \tag{2-9-4}$$

其中，$Z_m = \sum_i w_m^i \exp(-a_m y_i h_m(x_i))$ 为归一化因子，通过归一化因子，使得 D_{m+1} 成为一个分布，即 $\sum_i w_{m+1}^i = 1$。

③通过上述②过程，得到 M 个弱分类器，将 M 个基本分类器进行线性组合得到

$$f_m(x) = \sum_{m=1}^{M} \alpha_m h_m(x) \tag{2-9-5}$$

则最终的分类器为

$$H_M(x) = \text{sign}(f_M(x)) = \text{sign}(\sum_{m=1}^{M} \alpha_m h_m(x)) \tag{2-9-6}$$

其中，步骤①初始化时假设训练样本集中每个训练样本的权值都相同，即每个训练样本在弱分类器的学习中起到的作用都一样。

步骤②和 c 中 α_m 表示 $h_m(x)$ 在最终分类器中的重要性。由式（2-9-2）可知，当 $e_m \leq 1/2$ 时，$\alpha_m \geq 0$，而且 α_m 随着 e_m 增大而变小，也就表明识别率较小的弱分类器在最终分类算法中起到的作用将变小。步骤②和 d 中公式（2-9-4）可以写成式（2-9-7）。

$$w_{m+1}^i \begin{cases} \dfrac{w_m^i \exp(-a_m)}{Z_m}, & 若 h_m(x) = y \\[3mm] \dfrac{w_m^i \exp(a_m)}{Z_m}, & 若 h_m(x) \neq y \end{cases} \qquad （2\text{-}9\text{-}7）$$

由此可知，被弱分类器 $h_m(x)$ 正确分类训练样本的权值将减小，而被错误分类训练样本的权值将变大。因此，被错误分类样本在后续的学习过程中起到的作用将会变大。在训练过程中训练样本本身并没有变化，而不断改变的是训练样本集中每个训练样本的权值的分布向量，这样就使每个训练样本在弱分类器的学习过程中起到的作用不同。

步骤③这里，a_m 之和并不等于 1。$h(x)$ 的符号决定了样本 x 的类别，$h(x)$ 的绝对值代表分类的确定度。给定样本的分类结果由各个弱分类器的分类结果进行线性组合确定。

2. AdaBoost 的损失度函数

上一小节给出了 AdaBoost 算法的计算过程，那么这个算法为什么能将若干个弱分类器集合成一个强分类器呢？我们从最小损失度函数的角度分析，首先定义训练到 m 时的每个样本的损失函数，其定义如下。

$$l_m^i = \exp(-y_i f_m(x_i)) = \exp\left(-y_i \sum_{k=1}^m \alpha_k h_k(x_i)\right) \qquad （2\text{-}9\text{-}8）$$

其中，$f_m(\cdot)$ 表示由前 m 个弱分类器组合得到的函数。通过式（2-10-8）我们可以看出，若 $f_m(\cdot)$ 能够将样本 $f_m(\cdot)$ 正确的分出来，则 $-y_i f_m(x_i)$ 和 y_i 具有相同的符号，即 $y_i \sum_{k=1}^m \alpha_k h_k(x_i) > 0$，此时的算式函数 l_m^i 的取值很可能变小，否则损失函数会变大。那么根据式（2-9-8）得到分类器在数据库上的损失函数为

$$L_m = \sum_{i=1}^N l_m^i = \sum_{i=1}^N \exp(-y_i f_m(x_i)) = \sum_{i=1}^N \exp\left(-y_i \sum_{k=1}^m \alpha_k h_k(x_i)\right) \qquad （2\text{-}9\text{-}9）$$

现在我们将 $\sum_{k=1}^m \alpha_k h_k(x_i)$ 拆解成前 m-1 个分类器的和的形式和第 m 个弱分类器，得到

$$f_m(x_i) = \sum_{k=1}^{m} \alpha_k h_k(x_i)$$
$$= \sum_{k=1}^{m-1} \alpha_k h_k(x_i) + \alpha_m h_m(x_i) \qquad (2\text{-}9\text{-}10)$$
$$= f_{m-1}(x_i) + \alpha_m h_m(x_i)$$

将上式带回到式（2-9-8）中，得到

$$l_m^i = \exp(-y_i f_m(x_i))$$
$$= \exp(-y_i f_{m-1}(x_i) - y_i \alpha_m h_m(x_i))$$
$$= \exp(-y_i f_{m-1}(x_i)) \cdot \exp(-y_i \alpha_m h_m(x_i)) \qquad (2\text{-}9\text{-}11)$$
$$= l_{m-1}^i \exp(-y_i \alpha_m h_m(x_i))$$

如果我们定义 l_m^i 为样本的权重，则有 $l_m^i = w_m^i$，又因为 $h_m(x_i)$ 这个弱分类器只能取 $\{-1, +1\}$ 的值，则根据 $h_m(x)$ 能否将样本正确分开，公式（2-9-11）可以改写成

$$l_m^i = \begin{cases} l_{m-1}^i \exp(-\alpha_m), & \text{若} h_m(x)\text{能够区分样本} \\ l_{m-1}^i \exp(\alpha_m), & \text{若} h_m(x)\text{不能区分样本} \end{cases} \qquad (2\text{-}9\text{-}12)$$

那么此时样本集合上的损失函数为。

$$L_m = \sum_{i=1}^{N} l_m^i = \sum_{k \in 正确分类集合} l_{m-1}^k \exp(-\alpha_m) + \sum_{k \in 错误分类集合} l_{m-1}^k \exp(\alpha_m) \qquad (2\text{-}9\text{-}13)$$

根据公式（2-9-2）可以得 $e_m = \sum_i w_m^i I(h_m(x_i) \neq y_i)$，将公式（2-9-2）带入公式（2-9-13）得到

$$L_m = (1 - e_m)\exp(-\alpha_m) + e_m \exp(\alpha_m) \qquad (2\text{-}9\text{-}14)$$

通过上面公式的变化，我们可以看出经过 m 次弱分类器训练 AdaBoost 算法的损失函数为式（2-9-14），通过添加第 m 个分类器，我们希望将损失函数变得最小，即 L_m 对 a_m 的倒数为 0，得到

$$\frac{\partial L_m}{\alpha_m} = -(1 - e_m)\exp(-\alpha_m) + e_m \exp(\alpha_m) = 0 \qquad (2\text{-}9\text{-}15)$$

根据公式（2-9-15）可以计算出 α_m 的最优值，得到

$$\alpha_m = \frac{1}{2} \log \frac{1 - e_m}{e_m} \qquad (2\text{-}9\text{-}16)$$

我们可以发现公式（2-9-16）和上小节中 AdaBoost 给出的权重一样，这就是 AdaBoost 算法在损失函数上的解释。在分析的过程中，我们定义 $l_m^i = w_m^i$，

尽管 l_m^i 和 w_m^i 在数值上并不相等，不过它们只是相差一个乘法因子，因为 w_m^i 要进行归一化，即要求满足 $\sum_i w_{m+1}^i = 1$。

2.9.2 Bagging 学习方法

Boosting 学习算法要求个体学习器存在强依赖关系，而 Boosting 学习算法要求恰恰相反，Boosting 学习算法要求个体学习器应尽可能相互独立。独立的个体学习器可以得到泛化性能强的集成；当然现实中不存在绝对的独立，不过人们可以设法使基学习器尽可能具有较大差异。一种方法就是对训练样本进行采样，产生出若干个不同的子集，再从每个数据库子集中训练出一个基学习器。不过如果采样出的每个子集完全不同，那么各个基学习器就只使用了部分训练样本，可能学习的效果都不理想。因此，可以使用有相互重叠的采样子集来训练学习器。

假定基学习器的计算复杂度用 $O(m)$ 表示，那么 Bagging 学习算法的计算复杂度大约是 $T(O(m)+O(s))$，因为算法中采样与投票的复杂度 $O(s)$ 很小，而且 T（训练次数）的值也不太大，所以 Bagging 学习算法与训练一个基学习器的计算复杂度同阶，由此我们可以看出 Bagging 学习算法是一个学习效率较高的集成学习算法。另外，AdaBoost 学习算法只能用于解决二分类问题，而 Bagging 学习算法可以直接用于解决多分类问题。

自助采样过程还给 Bagging 带来一个优点：由于每个基学习器只使用了原始训练样本集中的部分样本，剩余的训练样本可用作验证集来对学习算法的泛化性能进行估计，为此需记录每个基学习器所使用的训练样本。假设用 D_t 表示 h_t 训练过程用到的训练样本集，再用 $\text{Hoob}(x)$ 表示对训练样本 x 的包外预测，即只考虑哪些未使用 x 训练的基学习器在 x 上的预测，则有

$$H^{oob} = \arg\max_{y \in Y} \sum_{t=1}^{T} \| (h_t(x)=y).\| (x \notin D_t) \qquad (2\text{-}9\text{-}17)$$

则 Bagging 泛化误差的包外估值为

$$\varepsilon^{oob} \frac{1}{|D|} \sum_{(x,\ y) \in D} \| (H^{oob}(x) \neq y) \qquad (2\text{-}9\text{-}18)$$

事实上，包外样本还有其他用途：如当基学习器是决策树时，系统可使用包外样本来辅助剪枝，或用于估计决策树中各结点的后验概率以辅助对零训练样本结点的处理；当基学习器是神经网络时，可使用包外样本来辅助早起停止以减小过拟合风险。

2.10　关联学习

关联规则是在 1993 年被阿格拉沃尔（Agrawal）等首次通过分析购物篮问题而提出的。后来又有学者在关联规则的基础上提出了加权关联规则算法，在算法中加入了权重的概念，随着人们对权重概念及关联规则研究的深入又提出了许多基于权重的关联规则算法。现在基于关联规则的学习算法已经广泛应用到数据挖掘等许多领域。

2.10.1　关联规则

首先将 $\{i_1, i_2, \cdots, i_m\}$ 定义为项的集合，而且定义事务 S 为项的集合，并且将所有的事务组成事务集合 $\{S_1, S_2, \cdots, S_n\}$。假如 $Y \subseteq S$，那么我们称 Y 为事务 S 的项集，如果 Y 中包含 p 个项，那么称 Y 为 k-项集。规则 $A \Rightarrow B$ 在事务集合中的支持度是指事务集合中包含 $A \cup B$ 的事务占总事务总数的比例。规则 $A \Rightarrow B$ 在事务集合中的可信度是指在事务集合中的包含 A 的事务中，B 也同时出现的概率。对于某个项集，如果其支持度大于等于实现给定的阈值，那么就称该项集是频繁项集或者频繁模式。

在关联学习中第一步是找出所有支持度大于等于最小支持度阈值的频繁项集；第二步是由频繁项集生成满足可信度阈值的关联规则。频繁项集的关联学习可以用如图 2-10-1 所示的集合枚举树来表示。集合枚举树的每个结点代表一种项集组合。关联规则就是在集合枚举树中搜索一条分割线，使得在线的一侧是频繁项集，在线的另一侧为非频繁项集。

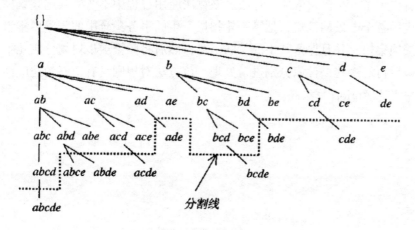

图 2-10-1　由项集 abcde 构成的集合枚举树

2.10.2 关联规则算法

关联规则最初是由处理购物篮分析的问题提出的，主要处理布尔型数据，随着研究的展开发展出了很多算法。根据规则中所处理的项的数据类型其可以分为布尔型关联规则和数值型关联规则。根据规则中涉及的数据维数分可以分为单维关联规则和多维关联规则。根据规则中数据的抽象层分其可以分为单层关联规则和多层关联规则。

1. 经典 Apriori 算法

Apriori 算法是一种处理布尔型数据的关联规则，算法中的数据都是一维数据，数据的抽象层为单层。算法首先在事务集合中找出所有的频繁项集，这些频繁项集出现的频率最低要大于等于预定义的最小支持度。之后根据频繁项集生成关联规则，而且这些关联规则需要符合支持度及可信度的要求，然后根据产生频繁项集，使用递推的方法生成期望的规则，最后只保留大于预先设置的最小可信度的规则。

2. 基于划分的算法

基于划分的关联规则先把事务集合从逻辑上划分为若干个相互独立的块，然后分别针对每个分块生成各自的频繁项集集合，之后将所有分块产生的频繁项集集合合成一个总的频繁项集，然后分别计算各个项集的支持度。

3.FP- 树频繁项集算法

由于 Apriori 算法可能产生大量的候选集，为了克服这一缺点韩（J.Han）等学者提出了 FP- 树频繁项集算法。该算法应用过程中不产生候选频繁项集。算法应用各个击破的策略，把第一轮扫描产生的事务集合中的频繁项集组成一棵频繁项集树，并且保留其中的关联信息，然后将频繁项集树划分成几个条件库，最后再对这些条件库分别进行处理。该方法对规则具有很好的适应性，而且效率也比 Apriori 算法高。

第 3 章　支持向量机与多核学习理论

3.1　支持向量机

支持向量机 SVM 算法的主要思想是寻找一种分类器界面，通过这个分界面去最大化正样本和负样本之间的间隔，通过一些诸如 VC 维风险和经验风险手段，在结构风险最小化的过程中实现，SVM 算法可以被用于模式分类和非线性回归等应用领域，相关领域近年的研究工作也对 SVM 进行了改进，并将其用于多个领域。本章下面从 SVM 的分类和回归两个问题进行论述。

（1）分类问题

支持向量机从历史上来看是从一种最佳的分类界面演化而来的，这种界面是线性可分的，在这里，最佳分类界面需要将两种类型特征正确的分离开，在分离的过程中，系统要尽量保证类别之间的间隔最大化。假设对于一个分类界面的数学表达式 $w \cdot x + b = 0$，这个数学表达式属于具有线性可分特征的样本集合 (x_i, y_i)，其中 $i = 1, 2, \cdots, n$，$x \in R$，$y \in \{-1, 1\}$，满足下式

$$y_i[(w \cdot x_i) + b] - 1 \geqslant 0, \quad i = 1, 2, \cdots, n \tag{3-1-1}$$

在这里，类别之间的距离间隔 $\rho = 2 / \|w\|$。距离间隔的最大化与 $\|w\|^2$ 的最小化是具有相同作用的，因此满足数学表达式 $y_i[(w \cdot x_i) + b] - 1 = 0$ 的样本向量因数就被称为支持向量因数，而满足数学表达式（3-1-1）并且能够保证 $\frac{1}{2}\|w\|^2$ 最小化的分类界面 $\min \frac{1}{2}\|w\|^2$ 被称为最佳分类界面。

$$\text{subject to } y_i[(w \cdot x_i) + b] - 1 \geqslant 0, \quad i = 1, 2, \cdots, n \tag{3-1-2}$$

利用拉格朗日方法求解上述约束中的最优化条件，即在上述的约束条件

$\sum\limits_{i=1}^{n}\alpha_i y_i = 0$ 和因子条件 $\alpha_i \geq 0$（α_i 为拉格朗日因子，$i=1$，2，$\cdots$，n）下去求下面的目标映射 $Q(\alpha)$ 的极值。

$$Q(\alpha) = \sum_{i=1}^{n}\alpha_i - \frac{1}{2}\sum_{i=1}^{n}\sum_{j=1}^{n}\alpha_i\alpha_j y_i y_j(x_i,\ x_j) \qquad （3\text{-}1\text{-}3）$$

上述表达式是可以寻找到唯一的解的，因为上述表达式是一种在不等式约束条件下寻找二次函数最优的问题。当 α_i 不为零时，这种条件下的解所映射出的样本可以看作是支持向量。在求解上述问题的过程中，获取的最优决策过程函数式为

$$f(x) = \text{sgn}(\sum_{i=1}^{n}\alpha_i^* y_i(x_i,\ x) + b^*) \qquad （3\text{-}1\text{-}4）$$

对于另外一种线性不可分的情况，可以通过在（3-1-2）中加一个松弛项 $\xi_i \geq 0$ 进行处理，变成 $y_i[(w,\ x_i) + b] - 1 - \xi_i \geq 0$，$i = 1, 2, \cdots, n$。进而把目标函数的求解转换为求解

$$(w,\ \xi) = \frac{1}{2}\|w\|^2 + C(\sum_{i=1}^{n}\xi_i) \qquad （3\text{-}1\text{-}5）$$

并且求解最小极值且 $0 \leq \xi_i \leq C$，在上式中参数 C 是一种具有惩罚效力的因数，通过一种组合的方式去衡量最少数出错分类样本和最大条件下的分类距离间隔，在这种情况下就得到了广义条件下的最佳分类界面。

在非线性分类问题方面，需要进行非线性映射，把输入向量投影到一个高维的特征空间里面去，在此基础上，去构建一个最佳的超平面，进行效果最好的分类。在这个过程中，系统不需要了解映射函数 $\Phi(x_i)$ 的实际数学形式，原因是在这里不涉及其他计算方式，只有内积计算方式 $k(x_i, y_j) = <\Phi(x_i),\ \Phi(y_j)>$，这里所对应的决策最佳函数为

$$f(x) = \text{sgn}(\sum_{i=1}^{n}\alpha_i^* y_i k(x_i,\ x) + b^*) \qquad （3\text{-}1\text{-}6）$$

（2）回归问题

回归问题是 SVM 的一个重要应用，在最近的研究中出现了多种方法，本文以 LS-SVM 为例，介绍 SVM 的回归问题。考虑 n 个训练样本的线性回归问题，设训练数据库 (x_i, y_i)，$i = 1, 2, \cdots n$，这里 $x_i \in R^d$ 是第 i 个样本数值的输入形式，符号 $y_i \in R$ 对应的是第 i 个样本数值的一种期望输出值。因此，线性回归函数的数学描述为

$$y(x) = w^T x + b \qquad (3\text{-}1\text{-}7)$$

根据 SRM 所设定的规则，人们需要全面考虑正则化项和拟合误差项的数学平方和，将回归问题进行转变，转变为有约束条件下的二次函数优化问题，这个函数存在独立的唯一解，这个解是最优的。

$$\min J(w, \xi) = \frac{1}{2} w^T w + \frac{\gamma}{2} \sum_{i=1}^{n} \xi_i^2 \qquad (3\text{-}1\text{-}8)$$

上式中的约束条件描述为

$$y_i = w^T x_i + b + \xi_i, \ i = 1, 2, \cdots, n \qquad (3\text{-}1\text{-}9)$$

在上式中，γ 表示的是可调的参数，它体现的是一种惩罚力度，当误差样本多于一定程度时系统就完成一种平衡，即模型复杂程度和训练误差之间的平衡。作为一种目标，求解优化方程的过程中，人们采用拉格朗日方法求解，引入拉格朗日函数，那么式（3-1-8）和式（3-1-9）所示的约束优化问题就转化为下列无约束优化问题

$$L(w, \ b, \ \xi, \ \alpha) = \frac{1}{2} w^T w + \frac{\gamma}{2} \sum_{i=1}^{n} \xi_i^2 - \sum_{i=1}^{n} \alpha_i (w^T x_i + b - \xi_i - y_i) \qquad (3\text{-}1\text{-}10)$$

其中 $\alpha_i \geqslant 0$，$i = 1, 2, \cdots, n$ 为拉格朗日乘子，上式对 w, b, ξ_i 和 α_i 求偏微分，根据拉格朗日求解优化方程的方法，令式（3-1-10）对 w, b, ξ_i 和 α_i 求偏微分的值为零，即

$$\begin{cases} w = \sum_{i=1}^{n} \alpha_i x_i \\ \sum_{i=1}^{n} \alpha_i = 0 \\ \alpha_i = \gamma \xi_i \\ w^T x_i + b - \xi_i - y_i = 0 \end{cases} \qquad (3\text{-}1\text{-}11)$$

式（3-1-11）对于 $i = 1, 2, \cdots, n$，去掉参数 w 和 ξ_i 就可以获得以下的数学方程组

$$\begin{bmatrix} 0 & 1 & \cdots & 1 \\ 1 & x_1^T x_1 + \frac{1}{\gamma} & \cdots & x_1^T x_n + \frac{1}{\gamma} \\ \vdots & \vdots & \ddots & \vdots \\ 1 & x_n^T x_1 + \frac{1}{\gamma} & \cdots & x_n^T x_n + \frac{1}{\gamma} \end{bmatrix} \begin{bmatrix} b \\ \alpha_1 \\ \vdots \\ \alpha_n \end{bmatrix} = \begin{bmatrix} 0 \\ y_1 \\ \vdots \\ y_n \end{bmatrix} \qquad (3\text{-}1\text{-}12)$$

对上述方程组进行求解，系统得到新的回归模型 LS-SVM，这是一种线性模型。

$$f(x) = \sum_{i=1}^{n} \alpha_i (x_i^T x) + b \qquad （3-1-13）$$

在求解 LS-SVM 模型的过程中，由于其是线性模型，因此进行内机运算 $(x_i^T x_j)$，体现的是训练样本之间计算。因此，在增加许多维度样本观测数的条件下，获取最优值的过程并没有显著性的提升复杂度，进而有效缓解了维数灾难情况。

对于 LS-SVM 这种非线性回归的模型，一般情况下要进行非线性映射，将低维空间映射至高维空间（希尔伯特空间），这种非线性映表达为 $\Phi(\cdot): R^d \to R^{dh}$，在上述操作下，低维空间的非线性回归问题又被转换为高维空间上的线性回归问题，在高维空间内的数学计算为

$$k(x_i, \ x_j) = (\Phi(x_i)^T \Phi(x_j)) \qquad （3-1-14）$$

因此，把式（3-1-13）里面的数学内积计算 $(x_i^T x_j)$ 代替为 $k(x_i, \ x_j)$，在此基础上，再求解非线性回归模型 LS-SVM

$$f(x) = \sum_{i=1}^{n} \alpha_i k(x_i^T x) + b \qquad （3-1-15）$$

3.2　核学习的数学基础

3.2.1　核理论基础

对于一个数据库 $X = \{x_i, \ \cdots, \ x_n\}$, $x_i \in R^d$（这节和下文所提到的数学符号与这里是相同的），这个数据库所具有的类形式的标签信息为 $Y = \{y_i, \ \cdots, \ y_n\}$, $y_i \in \{+1, -1\}$。在这种情况下，具有线性决策特征的数学表达式为 $f: R^d \to R$。

$$\begin{aligned} f(x) &= a^1 x^1 + a^2 x^2 + \cdots a^n x^n + a^0 \\ &= \langle w, \ x \rangle + b \end{aligned} \qquad （3-2-1）$$

在上式中 $w = (a^1, \ \cdots, \ a^n)$, $b = a^0$。在这里，由参数 $w \in R^d$ 和参数 $b \in R$ 可以准确地明确决策数学表达式 f。在真实求解中 b 是可以被省略掉的，或另一种方式是将 b 将汇入 w，把 w 转换成 $w' = (w, \ b)$, $x' = (x, \ 1)$。在此基础上，基于最大的边缘分解方式（MMC），获得待优化的数学表达式

$$\min_{w \in R^d} \|w\|^2 \qquad （3-2-2）$$
$$\text{subject to} \quad y_i \langle w, \ x_i \rangle \geq 1 \quad i = 1, \ \cdots, \ n$$

因为上述数学表达式能够凸优化，并且相关的约束因数都是线性的，因此可以很轻松地进行优化操作。在方法上，人们可以利用松弛算子 ξ_i 对该数学表达式进行整理，得到

$$\min_{w \in R^d,\ \xi_i \in R^+} \|w\|^2 + C \sum_{i=1}^{n} \xi_i \qquad （3\text{-}2\text{-}3）$$
$$\text{subject to} \quad y_i \langle w,\ x_i \rangle \geq 1 - \xi_i \quad i = 1,\ \cdots,\ n$$

通过不断调整算子 ξ_i 的大小，可以影响数学表达式的目标值。ξ_i 的值越大，说明目标方程的值越大。与此同时，参数 C 作为一项约束因子，值越大时对应的约束能力越强。通过调整，目标方程依旧可以达到凸优化，因此能够合理求出解。

通过引入非线性形式的映射关系 $\Phi: R^k \to R^m$，对上述目标数学表达式中的 $x_i,\ \cdots,\ x_n$ 的求解转换为最小化问题，也就是说，转换为对 $\Phi(x_1),\ \cdots,\ \Phi(x_n)$ 求解一个最小化的问题，则目标数学表达式为

$$\min_{w \in R^d,\ \xi_i \in R^+} \|w\|^2 + C \sum_{i=1}^{n} \xi_i \qquad （3\text{-}2\text{-}4）$$
$$\text{subject to} \quad y_i \langle w,\ \varphi(x_i) \rangle \geq 1 - \xi_i \quad i = 1,\ \cdots,\ n$$

在上式中，参数 w 通过非线性映射得到，已经不是原始数据空间中的权重参数，而是目标空间 R^m 中的权重参数，因此决策数学表达式 $f(x) = \langle w,\ \Phi(x) \rangle$ 对于 $\Phi(x)$ 还是线性关系的，而对于开始的感知数据 x 变为非线性关系。这时让 $w = \sum_{j=1}^{n} \alpha_j \Phi(x_j)$，通过引入非线性映射，将目标数学表达式转为对 α_i 优化求解，而不是对参数 w 求解，同时根据 $\|w\|^2 = \langle w,\ w \rangle$ 对式（3-2-4）进行调整，得到式（3-2-5）。

$$\min_{\alpha_i \in R,\ \xi_i \in R^+} \sum_{j,\ k=1}^{n} \alpha_j \alpha_k \langle \Phi(x_j),\ \Phi(x_k) \rangle + C \sum_{i=1}^{n} \xi_i \qquad （3\text{-}2\text{-}5）$$
$$\text{subject to} \quad y_i \sum_{j,\ k=1}^{n} \alpha_j \langle \Phi(x_j),\ \Phi(x_k) \rangle \geq 1 - \xi_i \quad i = 1,\ \cdots,\ n$$

这里，让 $\langle \Phi(x),\ \Phi(x') \rangle =: k(x,\ x')$，获得到了核函数 k，与此同时，使用这种形式的最大边缘分类器，就形成了支持向量机方式。在引入一个核函数 k 后，系统会有以下优势。

①便捷性。相比先求出非线性映射的函数 $\Phi(x_i)$，首先寻找合适的核函数 k，再计算数学内积 $\langle \Phi(x_i),\ \Phi(x_j) \rangle$ 的方式更加有效。

②机动性。在不需要了解非线性映射的具体模式下，核函数 k 就可以对原

来的感知数据进行非线性映射，从而进行隐形操作。

由于核函数能够通过数据之间内积运算的形式体现数据之间的相关行，因此对于传统的具有线性特征条件的提取方式，人们可以使用和 SVM 中相似的方式进行核化处理，这样操作，既留下线性方式便于处理和理解的优势，还可以给予线性方法进行非线性特征提取的应用场景需求。目前，经常使用的核化线性特征提取方法有以下几种：核判别分析方法（KDA）、核主成分分析方法（KPCA）、核局部保持映射方法（KLPP）、核图嵌入方法（简写为 KGE）等。

面对各类不同的核学习方式，当前学者们已经获得了多种核函数，包括 Polynomial 核函数表达、Sigmoid 核函数表达、RBF 核函数表达及 Linear 核函数表达等核函数。在实际应用场景需求中，人们通常根据任务方具体需求的数据内部特征去选择相应的核函数种类。比如，对于识别类任务而言，可以选择通过 SIFT 和 HOG 特征形式去选择核函数，比较合适的核函数是 Spatialpyramids 核函数；对于人脸识别任务而言，符合其要求的核函数种类很多，包括 Polynomial 核函数、Gaussian 核函数和 RBF 核函数等。虽然目前已经有了大量核函数，但还没有一个最佳的形式适用于一切应用场景，每个核函数都有自己的优势和劣势，某一种核函数通常只能合理地表达数据的某一个方面的特征，如纹理特征，边缘特征，形状特征等。也就是说，在实际应用中，人们不能通过数据的某方面特征去有效表达整个数据库。同时，目前各类应用对图像分类问题和目标识别问题的准确度要求越来越高求，因此需要一直提升的图像信息所体现的复杂度，比如图像内部包含的异构特征信息。另外一种情况，在针对大样本特征的数据库合时，高维数据存在一些诸如不平滑之类的问题，这种问题让一个核函数的缺点更加明显。因此，相关学者又开始研究多核函数的形式。

假设 k 是一个实值形式的正定核，n 表示一个非空形式的集合，这里让 $R^n = n \rightarrow R$ 表示由 n 到 R 的映射函数组成的函数空间，定义一个从 n 到 R^n 的映射关系

$$\Phi : n \rightarrow R^n$$
$$x \rightarrow k(\cdot, \ x) \tag{3-2-6}$$

这种关系被称为再生核映射。

构建再生核映射的关联特征空间需要进行三步。第一，需要将映射 Φ 转换为一个向量（线性）空间；第二，在上述向量空间内定义一种内积形式；第三，证明该内积满足形式 $k(x, x') = <\Phi(x), \ \Phi(x')>$。

①定义函数 f 和函数 g 的形式如下。

$$f(\cdot) = \sum_{i=1}^{n} a_i k(\cdot,\ x_i) \qquad\qquad (3\text{-}2\text{-}7)$$

$$g(\cdot) \sum_{j=1}^{n'} \beta_j k(\cdot,\ x_j^{'}) \qquad\qquad (3\text{-}2\text{-}8)$$

在这里，$n' \in N$，$\beta_i \in R$，x_i'，$\cdots$，$x_{n'}' \in R$，$n \in N$，$\alpha_i \in R$，x_1，$\cdots$，$x_n \in R$。由此我们容易发现，这里的 $f(\cdot)$ 构成了由 Φ 的像元素扩展的线性空间。

②上述函数在空间的内积可以定义成

$$\langle f,\ g \rangle = \sum_{i=1}^{n}\sum_{j=1}^{n'} \alpha_i \beta_j k(x_i,\ x_j') \qquad\qquad (3\text{-}2\text{-}9)$$

由此我们能够证明，式（3-2-9）是一个运算内积的形式。

③由式（3-2-6）获得的非线性映射 Φ 我们可以看出，满足（3-2-7）式的所有函数 $f(\cdot)$ 还满足

$$\langle k(\cdot,\ x),\ f \rangle = f(x) \qquad\qquad (3\text{-}2\text{-}10)$$

对于

$$\langle k(\cdot,\ x),\ k(\cdot,\ x') \rangle = k(x,\ x') \qquad\qquad (3\text{-}2\text{-}11)$$

由式（3-2-11）可得

$$\langle \Phi(x),\ \Phi(x') \rangle = k(x,\ x') \qquad\qquad (3\text{-}2\text{-}12)$$

假设 E 是一个非空集合，H 是 $f : E \to R$ 所构成的希尔伯特空间。如果存在一个映射 $k : E \times E \to R$，它对于所有满足 $f \in H$ 都存在 $\langle k(\cdot,\ x),\ f \rangle = f(x)$ 并且 $H = \mathrm{span}\{k(x,\ \cdot) | x \in E\}$，那么 H 就被称为核的希尔伯特空间。

因此，对于任何正定核，人们都能通过内积的形式表示成一个线性空间，这是通过构建一个希尔伯特空间来完成的，具体方式是再生核映射显式方式。此外，还可以通过另外的映射形式去构建希尔伯特空间，其要求是与给定核相关联。这其中应用很广泛的就是 Mercer 核映射，相关介绍如下。

3.2.2　多项式空间和多项式核函数

假设 X 是空间 R^n 中的某个子集合，那么可以定义在 $X \times X$ 上的函数 $K(x, z)$ 是一种核函数形式，假设有一个从 X 到希尔伯特空间 H 的映射关系 Φ。

$$\Phi : x \mapsto \Phi(x) \in H \qquad\qquad (3\text{-}2\text{-}13)$$

保证对任何 $x, z \in X$，

$$K(x,\ z) = (\Phi(x) \cdot \Phi(z)) \qquad\qquad (3\text{-}2\text{-}14)$$

都满足上述关系。其中数学符号 $(\cdot)$ 表示希尔伯特空间 H 中的运算内积

因子。

设 $x = ([x]_1, [x]_2, \cdots, [x]_n)^T \in R^n$，则称乘积 $[x]_{j_1}[x]_{j_2}\cdots[x]_{j_d}$ 为 x 的一个具有 d 阶多项式形式，其中 $j_1, j_2, \cdots, j_d \in \{1, 2, \cdots, n\}$。

考虑 2 维空间中（$x \in R^n$）的模式 $x = ([x]_1, [x]_2)^T$，其所有的 2 阶单项式为

$$[x]_1^2, \quad [x]_2^2, \quad [x]_1[x]_2, \quad [x]_2[x]_1 \tag{3-2-15}$$

注意，在表达式（3-2-15）中，把 $[x]_1[x]_2$ 和 $[x]_2[x]_1$ 当作两个不一样的单项表达式，所以称式（3-2-15）中的单项表达式为具有有序特征的单项表达式。这几个具有有序特征的单项表达式组成的是一个多维特征空间，记为 H，可以叫作 2 阶形式的有序特征齐次多项式空间形式。对应的，形成一个从原空间 R^2 到多项式空间 H 的映射关系，这种关系是非线性的。

$$C_2: x = ([x]_1, [x]_2)^T \mapsto C_2(x) = ([x]_1^2, [x]_2^2, [x]_1[x]_2, [x]_2[x]_1)^T \in H \tag{3-2-16}$$

同理，从 R^n 到 d 阶有序齐次多项式空间 H 的映射可表示为

$$\begin{aligned}
C_d: x &= ([x]_1, [x]_2, \cdots, [x]_n)^T \mapsto C_d(x) \\
&= ([x]_{j_1}[x]_{j_2}\cdots[x]_{j_d} \mid j_1, j_2, \cdots, j_d \in \{1, 2, \cdots, n\})^T \in H
\end{aligned} \tag{3-2-17}$$

这样的有序单项式 $[x]_{j_1}[x]_{j_2}\cdots[x]_{j_d}$ 的个数为 n^d，即多项式空间 H 的维数 $n_H = n^d$。如果在 H 中进行内积运算 $C_d(x) \cdot C_d(z)$，当 n 和 d 都不太小时，多项式空间 H 的维数 $n_H = n^d$ 会相当大。如当 $n = 200$，$d = 5$ 时，维数可达到上亿维。显然，在多项式空间 H 中直接进行内积运算将会引起"维数灾难"问题。

那么，为了解决这个问题，先来考查 $n = d = 2$ 的情况，计算多项式空间 H 中两个向量的内积

$$\begin{aligned}
(C_2(x) \cdot C_2(z)) &= [x]_1^2[z]_1^2 + [x]_2^2[z]_2^2 + [x]_1[x]_2[z]_1[z]_2 + [x]_2[x]_1[z]_2[z]_1 \\
&= (x \cdot z)^2
\end{aligned} \tag{3-2-18}$$

若定义函数

$$K(x, z) = (x \cdot z)^2 \tag{3-2-19}$$

则有

$$(C_2(x) \cdot C_2(z)) = K(x, z) \tag{3-2-20}$$

即 4 维多项式空间 H 上的向量内积可以转化为原始 2 维空间上的向量内积的平方。对于一般的从 R^n 到 d 阶有序多项式空间 H 的映射（3-2-17）也有类似的结论。

思考一个由上式（3-2-17）所定义的从空间 R^n 到空间 H 的对应映射关系

$C_d(x)$，那么在空间 H 上的运算内积 $(C_d(x) \cdot C_d(z))$ 的形式可以写成

$$(C_d(x) \cdot C_d(z)) = \mathrm{K}(x, \ z) \tag{3-2-21}$$

其中

$$\mathrm{K}(x, \ z) = (x \cdot z)^d \tag{3-2-22}$$

由此直接计算可得

$$
\begin{aligned}
(C_d(x) \cdot C_d(z)) &= \sum_{j_1=1}^{n} \cdots \sum_{j_d=1}^{n} [x]_{j_1} \cdots [x]_{j_d} \cdot [z]_{j_1} \cdots [z]_{j_d} \\
&= \sum_{j_1=1}^{n} [x]_{j_1} \cdot [z]_{j_1} \cdots \sum_{j_d=1}^{n} [x]_{j_d} \cdot [z]_{j_d} \\
&= (\sum_{j=1}^{n} [x]_j \cdot [z]_j)^d \\
&= (x \cdot z)^d
\end{aligned}
\tag{3-2-23}
$$

上述定理表明，并不需要在高维的多项式空间 H 中直接做内积运算 $(C_d(x) \cdot C_d(z))$，而利用式（3-2-22）给出的输入空间 R^n 上的二元函数 $\mathrm{K}(x, \ z)$ 来计算高维多项式空间中的内积。

在上式（3-2-17）所说明的映射关系中，d 阶有序单项式一起构成多项式空间的分量形式。为了获得一个空间 R^n 到有序多项式空间的映射关系 $\tilde{C}_d$，系统可以通过扩充多项式空间方法，描述如下。

$$
\begin{aligned}
\tilde{C}_d : x &= ([x]_1, \ [x]_2, \ \cdots, \ [x]_n)^T \\
&\mapsto \tilde{C}_d(x) = ([x]_{j_1} \cdots [x]_{j_d}, \ \sqrt{d}[x]_{j_1} \cdots [x]_{j_d}, \ \cdots, \\
&\quad \sqrt{d}[x]_1, \ \cdots, \ \sqrt{d}[x]_n, \ 1 \,|\, j_1, \ j_2, \ \cdots, \ j_d \in \{1, \ 2, \ \cdots, \ n\})^T
\end{aligned}
\tag{3-2-24}
$$

对于上述映射，有以下的理论支撑。

对于由式（3-2-24）定义的从空间 R^n 到空间 H 的映射关系 $\tilde{C}_d$，空间 H 上的运算内积 $(\tilde{C}_d(x) \cdot \tilde{C}_d(z))$ 能够体现在空间 R^n 上的运算内积 $(x \cdot z)$ 的一个映射函数形式 $((x \cdot z) + 1)^d$，也就是说，对于变量 x 和 z 的函数

$$K(x, z) = ((x \cdot z) + 1)^d \tag{3-2-25}$$

则有

$$(\tilde{C}_d(x) \cdot \tilde{C}_d(z)) = K(x, \ z) \tag{3-2-26}$$

上述有序多项式空间的一个简单的例子是

$$\tilde{C}_2 : x = ([x]_1, [x]_2)^T \mapsto \tilde{C}_2(x) \tag{3-2-27}$$
$$= ([x]_1^2, [x]_2^2, [x]_1[x]_2, [x]_2[x]_1, \sqrt{2}[x]_1, \sqrt{2}[x]_2, 1)^T$$

假如将上式（3-2-16）中的参量 $[x]_1[x]_2$ 和参量 $[x]_2[x]_1$ 作为同一种的单项式形式，那么就能够把从空间 R^2 到 4 维多项式空间 H 的映射关系（3-2-16）进行转换，转换为一种从空间 R^2 到 3 维多项式空间的映射关系。

$$([x]_1[x]_2)^T \mapsto ([x]_1^2, [x]_2^2, [x]_1[x]_2)^T \tag{3-2-28}$$

将映射（3-2-28）调整为

$$\Phi_2(x) = \Phi_2([x]_1, [x]_2) = ([x]_1^2, [x]_2^2, \sqrt{2}[x]_1[x]_2) \tag{3-2-29}$$

则相应的多项式空间被称为 2 阶无序多项式空间，并且有

$$\Phi_2(x) \cdot \Phi_2(z) = (x \cdot z)^2 \tag{3-2-30}$$

对式（3-2-17）所示的变换 $C_d(x)$ 按以下方法处理：把变换 $C_d(x)$ 中顺序不一致但是因子一致的所有分量进行组合，进而形成一个分量，同时需要在这个分量前再多增加一个权重，这个权重的值可以是在 $C_d(x)$ 中出现次数最多的平方根参量，因此人们就可以获得结论，即从空间 R^n 到 d 阶无序多项式空间的变换 $\Phi_d(x)$ 过程还应满足以下关系式。

$$(\Phi_d(x) \cdot \Phi_d(z)) = K(x, z) \tag{3-2-31}$$

其中

$$K(x, z) = (x \cdot z)^d \tag{3-2-32}$$

根据前文称（3-2-25）和（3-2-32）分别为 d 阶多项式核函数和 d 阶齐次多项式核函数。

比较式（3-2-16）定义的变换 $C_2(x)$ 和式（3-2-29）定义的 $\Phi_2(x)$ 人们能够感受到，这里映射到的多项式空间是有区别的。前面的是一个具有 4 维特征的多项式空间，后面的是一个具有 3 维特征多项式空间。但是它们的内积是相同的，它们都可以表示为内积的函数 $K(x, z) = (x \cdot z)^2$。这说明多项式空间不是由核函数唯一确定的。

3.2.3 Mercer 核

给出一个向量集合 $X = \{x_1, x_2, \cdots, x_l\}$，这里的参数 $x_i \in R^n$，$i = 1, 2, \cdots, l$。令函数 $K(x, z)$ 是 $X \times X$ 上的具有对称含义的映射，定义

$$G_{ij} = K(x_i, x_j), \quad i, j = 1, 2, \cdots, l \tag{3-2-33}$$

那么称 $G = (G_{ij})$ 是 $K(x, z)$ 对于 X 的 Gram 矩阵。此时首先要考虑的问题

是当 Gram 矩阵 G 符合要求时，函数 $K(\cdot,\cdot)$ 是否具备核函数的性质。

定义在空间 R^l 上的矩阵 G：对参数 $u = (u_1,\ u_2,\ \cdots,\ u_l)^T \in R^l$，$Gu$ 的分量由下面的数学表达式确定

$$[Gu]_i = \sum_{j=1}^{l} K(x_i,\ x_j)u_j,\ i = 1,\ 2,\ \cdots,\ l \qquad （3\text{-}2\text{-}34）$$

考虑以上给出的矩阵 G，人们称参数 $\lambda \in R$ 为这个矩阵算子的特征值，同时将参数 v 称为对应的特征向量，表达为

$$Gv = \lambda v \text{ 且 } v \neq 0 \qquad （3\text{-}2\text{-}35）$$

考虑上述设计的矩阵算子 G，将这个算子看成是半正定形式的，假设对于 $\forall u = (u_1,\ u_2,\ \cdots,\ u_l)^T \in R^l$，存在

$$u^T Gu = \sum_{i,j=1}^{l} K(x_i,\ x_j)\,u_i u_j \geq 0 \qquad （3\text{-}2\text{-}36）$$

假如上述描述的矩阵 G 是一种半正定形式，那么存在 l 个具有非负特征值 λ_t 特征和单位特征向量 v_t，保证

$$K(x_i,\ x_j) = \sum_{t=1}^{l} \lambda_t v_{ti} v_{tj},\ i,\ j = 1,\ 2,\ \cdots,\ m \qquad （3\text{-}2\text{-}37）$$

由于 G 是对称的，所以存在着正交矩阵 $V = (v_1,\ v_2,\ \cdots,\ v_l)$ 和对角矩阵 $\Lambda = diag(\lambda_1,\ \lambda_2,\ \cdots,\ \lambda_l)$，使得

$$G = V \Lambda V^T \qquad （3\text{-}2\text{-}38）$$

这里 $v_t = (v_{t1},\ v_{t2},\ \cdots,\ v_{tl})^T$ 是矩阵算子 G 的特征向量形式，体现的是第 t 个特征向量，对应的特征值参数为 λ_t。由于 G 是半正定形式，因此特征值为非负数。所以由（3-2-38）可得

$$K(x_i,\ x_j) = \sum_{t=1}^{l} v_{ti} \lambda_t v_{tj} = \sum_{t=1}^{l} \lambda_t v_{ti} v_{tj} \qquad （3\text{-}2\text{-}39）$$

假设上述的主张是有效的，则存在着从 X 到 R^l 的映射 Φ，使得

$$K(x_i,\ x_j) = (\Phi(x_i) \cdot \Phi(x_j)),\ i,\ j = 1,\ 2,\ \cdots,\ l \qquad （3\text{-}2\text{-}40）$$

其中 $(\cdot)$ 是特征空间 R^l 的内积。因而 $K(\cdot,\cdot)$ 是一个核函数。

证明：定义映射

$$\Phi : x_i \mapsto \Phi(x_i) = (\sqrt{\lambda_1} v_{1i},\ \sqrt{\lambda_2} v_{2i},\ \cdots,\ \sqrt{\lambda_l} v_{li})^T \in R^l \qquad （3\text{-}2\text{-}41）$$

直接验证可知上述理论成立。

假设上述主张是有效的，那么矩阵 G 具有半正定性质。

证明：设 G 不是半正定的，则一定存在着与一个负特征值 λ_s 相对应的单

位特征向量 v_s。定义 R^l 中的向量 z，可得式（3-2-42）。

$$z = [\Phi(x_1),\ \Phi(x_2),\ \cdots,\ \Phi(x_l)]v_s \qquad (3\text{-}2\text{-}42)$$

则有

$$
\begin{aligned}
0 \leqslant \|z\|^2 &= v_S^T [\Phi(x_1),\ \cdots,\ \Phi(x_l)]^T [\Phi(x_1),\ \cdots,\ \Phi(x_l)]v_S \\
&= v_S^T K v_S \\
&= \lambda_S \|v_S\|^2 \\
&= \lambda_S
\end{aligned}
\qquad (3\text{-}2\text{-}43)
$$

显然，这与 λ_s 是负特征值相矛盾。因此，K 必须是半正定的。

假设 X 表示一个集合 $X = \{x_1,\ x_2,\ \cdots,\ x_l\}$，参数 $K(x, z)$ 是定义在 $X \times X$ 上的具有对称性质的映射。由于上述理论中的矩阵 G 具有半正定性质，与 $K(\cdot, \cdot)$ 具有相同价值，那么其可表示为

$$K(x_i,\ x_j) = \sum_{t=1}^{l} \lambda_t v_{ti} v_{tj} \qquad (3\text{-}2\text{-}44)$$

$$G = (K(x_i,\ x_j))_{i,\ j=1}^{l} \qquad (3\text{-}2\text{-}45)$$

其中，$\lambda_t \geqslant 0$ 是矩阵（3-2-45）的特征值表达，向量 $v_t = (v_{t1},\ v_{t2},\ \cdots,\ v_{tl})^T$ 体现的是对应于参数 λ_t 的特征向量表达，$K(x, z)$ 是一个核函数形式，即 $K(x_i,\ x_j) = (\Phi(x_i) \cdot \Phi(x_j))$，其中映射 Φ 由式（3-2-41）定义。

设输入集合为 R^n 中的紧集 X，并设 $K(x, z)$ 是 $X \times X$ 的连续对称函数。此时要研究的问题是，当 $K(x, z)$ 具备什么性质时，它可以作为核函数。

积分算子 T_K 通过下式决定在空间函数 $L_2(x)$ 上的积分算子形式。

$$T_K f = T_K f(\cdot) = \int_X K(\cdot,\ z) f(z) \mathrm{d}z,\ \forall f \in L_2(x) \qquad (3\text{-}2\text{-}46)$$

考虑上述给出的积分算子 T_K，则 λ 被称为积分算子的特征值，Φ 为对应的特征函数映射，假如

$$T_K \Phi = \lambda \Phi \qquad (3\text{-}2\text{-}47)$$

对于上文提出的积分算子 T_K。人们将其称为半正定的，如果有条件 $\forall f \in L_2(x)$，则

$$\int_{X \times X} K(x,\ z) f(x) f(z) \mathrm{d}x \mathrm{d}z \geqslant 0 \qquad (3\text{-}2\text{-}48)$$

假如上文提供的积分算子 T_K 是一种半正定形式的，那么有可数个特征的非负特征值 λ_t 参数和对应的据欧正交关系的单位特征映射 $\Phi_t(x)$，保证 $K(\cdot, \cdot)$ 能够表达成 $X \times X$ 上的具有一致收敛性质的级数

$$K(x,\ z) = \sum_{t=1}^{\infty} \lambda_t \Phi_t(x)\Phi_t(z) \qquad （3-2-49）$$

假如上文的结论是有效的，那么存在一个 $X \in R^n$ 到希尔伯特空间 l_2 的映射 Φ，保证式（3-2-50）成立。

$$K(x,\ z) = (\Phi(x)\cdot\Phi(z))，\quad x,\ z \in X \qquad （3-2-50）$$

其中 $(\cdot)$ 是 l_2 上的内积。因而 $K(\cdot,\cdot)$ 是一个核函数。

证明：定义映射

$$\Phi：x \mapsto \Phi(x) = (\sqrt{\lambda_1}\Phi_1(x),\ \sqrt{\lambda_2}\Phi_2(x),\ \cdots)^T \qquad （3-2-51）$$

则可验证上述理论成立。

假如上文的结论有效，那么积分算子 T_K 具有半正定性质。

让 X 是 R^n 上的一个紧凑集合，映上述理论定义 3.2.8 解释出的积分算子 T_k 是具有半正定性质的

$$\int_{X \times X} K(x,\ z)f(x)f(z)\mathrm{d}x\mathrm{d}z \geq 0，\quad \forall f \in L_2(x) \qquad （3-2-52）$$

相当于 $K(\cdot,\cdot)$ 能够体现为 $X \times X$ 的一致收敛性质的序列。

$$K(x,\ z) = \sum_{i=1}^{\infty} \lambda_t \Phi_t(x)\cdot\Phi_t(z) \qquad （3-2-53）$$

这里 $\lambda_t > 0$ 是 T_k 的特征值向量，$\Phi_t \in L_2(x)$ 体现了相对 λ_t 的特征映射。也就是说，$K(x,\ z)$ 也可以作为一个核函数。

$$K(x,\ z) = (\Phi(x)\cdot\Phi(z)) \qquad （3-2-54）$$

这里映射 Φ 由上式（3-2-52）定义，而符号 $(\cdot)$ 表达的是希尔伯特空间 l_2 上的运算内积。

如果将函数 $K(x,\ z)$ 称为 Mercer 核，若 $K(x,\ z)$ 是定义在 $X \times X$ 表面上的具有连续性质的对称函数，这里 X 是空间 R^n 内的紧凑集合，同时积分算子具有半正定特征。

假设 X 为空间 R^n 内的紧凑集合，核函数 $K(x,\ z)$ 是 $X \times X$ 上具有连续对称特征的函数，那么积分算子 T_K 具有半正定特征的充分必要条件就是 $K(x,\ z)$ 对于任意满足 $x_1,\ x_2,\ \cdots,\ x_l \in X$ 的矩阵 Gram 是半正定的。

3.2.4　正定核

设 X 是 R^n 的子集。若 $K(x,\ z)$ 是定义在 $X \times X$ 上的正定核，则 $\forall x_1,\ x_2,\cdots,\ x_l \in X$，函数 $K(x,\ z)$ 关于 $x_1,\ x_2,\cdots,\ x_l$ 的 Gram 矩阵都是半正定的。

证明：函数 $K(x, z)$ 被定义为 $X \times X$ 上的一个正定核函数，因此存在从 X 到希尔伯特空间 H 的映射函数 Φ，保证

$$K(x, z) = (\Phi(x) \cdot \Phi(z)) \quad (3\text{-}2\text{-}55)$$

任取 $x_1, x_2, \cdots, x_l \in X$，构造 $K(\cdot, \cdot)$ 关于 $x_1, x_2, \cdots, x_l$ 的 Gram 矩阵 $(K_{ij})_{i,j=1}^{l} = (K(x_i, x_j))_{i,j=1}^{l}$。显然，根据由式（3-2-56）人们可以断言，对 $\forall C_1, C_2, \cdots, C_l \in R$，有

$$
\begin{aligned}
\sum_{i,j} C_i C_j \mathrm{K}(x_i, x_j) &= \sum_{i,j} C_i C_j \Phi(x_i) \cdot \Phi(x_j) \\
&= (\sum_i C_i \Phi(x_i) \cdot \sum_j C_j \Phi(x_j)) \\
&= \left\| \sum_i C_j \Phi(x_i) \right\|^2 \geq 0
\end{aligned}
\quad (3\text{-}2\text{-}56)
$$

这表明 $K(x, z)$ 关于 $x_1, x_2, \cdots, x_l$ 的 Gram 矩阵是半正定的。

若集合 S 由下列元素组成

$$f(\cdot) = \sum_{i=1}^{l} \alpha_i K(\cdot, x_i) \quad (3\text{-}2\text{-}57)$$

其中 l 为任意的正整数，$\alpha_1, \alpha_2, \cdots, \alpha_l \in R^n$，$x_1, x_2, \cdots, x_l \in X$，则 S 为一个向量空间。

证明：由于集合 S 中的元素对于加法和数乘封闭，所以 S 构成一个向量空间。

若对 S 中的两元素

$$f(\cdot) = \sum_{i=1}^{l} \alpha_i K(\cdot, x_i) \text{ 和 } g(\cdot) = \sum_{j=1}^{l} \beta_j K(\cdot, x_j) \quad (3\text{-}2\text{-}58)$$

定义运算 $*$

$$f * g = \sum_{i=1}^{l} \sum_{j=1}^{l} \alpha_i \beta_j K(x_i, x_j) \quad (3\text{-}2\text{-}59)$$

并由此定义在上的函数 $\tilde{K}(f, g) = f * g$，则该函数关于 $\forall f_1, f_2, \cdots, f_l \in S$ 的 Gram 矩阵都是半正定的。

证明：由 $f * f = \sum_{i,j=1} \alpha_i \alpha_j K(x_i, x_j) \geq 0$ 知

若任意选取 $f_1, f_2, \cdots, f_l \in S$，记函数 $\tilde{K}$ 相应的 Gram 矩阵为 $(f_i * f_j)_{i,j=1}^{l}$。显然它是对称矩阵。由（3-2-59）可知对 $\forall C_1, C_2, \cdots, C_l \in R$ 有

$$\sum_{i,\,j=1}^{l} C_i C_j (f_i * f_j) = (\sum_{i=1}^{l} C_i f_i) * (\sum_{i=1}^{l} C_j f_j) \geqslant 0 \qquad (3\text{-}2\text{-}60)$$

这表明 Gram 矩阵 $(f_i * f_j)_{i,j=1}^{l}$ 是半正定的。

在上文中定义的运算 $*$ 具有如下性质：对于 $\forall f,\ g \in S$，有

$$|f*g|^2 \leqslant (f*f) \cdot (g*g) \qquad (3\text{-}2\text{-}61)$$

证明：任取 $f,\ g \in S$，则 $\tilde{K}$ 关于 $f,\ g$ 的 Gram 矩阵为

$$\begin{bmatrix} \tilde{K}(f,\,f) & \tilde{K}(f,\,g) \\ \tilde{K}(g,\,f) & \tilde{K}(g,\,g) \end{bmatrix} \qquad (3\text{-}2\text{-}62)$$

因为 $\tilde{K}(f,\,g) = \tilde{K}(g,\,f)$，所以由上述理论可知：矩阵（3-2-62）是半正定的，其行列式非负。由此可知

$$\tilde{K}(f,\,f) \cdot \tilde{K}(g,\,g) - \tilde{K}(f,\,g) \cdot \tilde{K}(g,\,f) \geqslant 0$$
$$\Rightarrow \left| \tilde{K}(f,\,g) \right|^2 \leqslant \tilde{K}(f,\,f) \cdot \tilde{K}(g,\,g)$$
$$\Rightarrow |f*g|^2 \leqslant (f*f) \cdot (g*g) \qquad (3\text{-}2\text{-}63)$$

上文中定义的运算 $*$ 是 S 的内积运算，因而可记为

$$f*g = (f \cdot g) \qquad (3\text{-}2\text{-}64)$$

证明：直接验证可知该运算具有内积运算应满足的如下性质，对 $\forall f,\ g,\ h \in S$ 和 $c,\ d \in R$ 有

$$f*f \geqslant 0 \qquad (3\text{-}2\text{-}65)$$
$$f = 0 \Rightarrow f*f = 0 \qquad (3\text{-}2\text{-}66)$$
$$(cf + dg)*h = c(f*h) + d(g*h) \qquad (3\text{-}2\text{-}67)$$
$$f*g = g*f \qquad (3\text{-}2\text{-}68)$$

此时只需证明，若 $f*f = 0$，则有 $f = 0$。

事实上，若

$$f(\cdot) = \sum_{i=1}^{l} \alpha_i K(\cdot,\ x_i) \qquad (3\text{-}2\text{-}69)$$

则按运算规则（3-2-69）知，对 $\forall x \in X$，有

$$K(\cdot,\ x)*f = f(x) \qquad (3\text{-}2\text{-}70)$$

由于

$$|K(\cdot,\ x)*f|^2 \leqslant (K(\cdot,\ x) \cdot K(\cdot,\ x)) \cdot (f*f) = (K(x,\ x) \cdot (f*f)) \qquad (3\text{-}2\text{-}71)$$

所以

$$|f(x)|^2 = K(\cdot, \ x) \cdot (f * f) \qquad (3\text{-}2\text{-}72)$$

此式意味着当 $f * f = 0$ 时，对 $\forall x$，都有 $|f(x)| = 0$，即 $f(x)$ 为零元素。

假设 $K(x, z)$ 是被定义在 $X \times X$ 上的具有对称性质的函数。如果对于满足条件 $\forall x_1, \ x_2, \cdots, \ x_l \in X$，而核函数 $K(x, z)$ 关于向量 $x_1, \ x_2, \cdots, \ x_l$ 的 Gram 矩阵都具有半正定特征，那么核函数 $K(x, z)$ 就具有正定核性质。

证明：定义映射

$$\Phi : x \rightarrow K(\cdot, \ x) \qquad (3\text{-}2\text{-}73)$$

由上文知，该映射是从 X 到某一希尔伯特空间的映射。由式（3-2-70）可得到

$$K(\cdot, \ x) * K(\cdot, \ z) = K(x, z) \qquad (3\text{-}2\text{-}74)$$

由上文知引理 3.2.8 中定义的运算 $*$ 是内积运算。利用式（3-2-73）可得到

$$K(x, \ z) = (\Phi(x) \cdot \Phi(z)) \qquad (3\text{-}2\text{-}75)$$

由上文知 $K(x, z)$ 是正定核。

假设 X 是空间 R^n 上的一个内部子集合。那么定义在 $X \times X$ 上的对称函数 $K(x, z)$ 可以被称为正定核，若对于条件 $\forall x_1, \ x_2, \cdots, \ x_l \in X$，核函数 $K(\cdot, \cdot)$ 对所有 $x_1, \ x_2, \cdots, \ x_l$ 的 Gram 矩阵都体现为半正定。

假设 X 是一个具有非空性质的集合，空间 H 是由函数组 $f : X \rightarrow R$ 构成的，内积运算由式（3-2-59）定义及范数由 $\|f\| \overset{\Delta}{=} \sqrt{f \cdot f}$ 定义的希尔伯特空间，此时称 H 是一个再生核希尔伯特空间，在存在 $K : X \times X \rightarrow R$ 的条件下，符合以下条件。

① K 具有再生性，即对 $\forall f \in H$，有

$$(f \cdot K(x, \cdot)) = f(x) \qquad (3\text{-}2\text{-}76)$$

特别的

$$(K(x, \cdot) \cdot K(\cdot, \ z)) = K(x, z) \qquad (3\text{-}2\text{-}77)$$

② K 张成空间 H，即

$$H = \overline{\text{span}\{K(x, \ \cdot) \mid x \in X\}} \qquad (3\text{-}2\text{-}78)$$

其中 $\overline{A}$ 表示集合 A 的闭包。

若函数 K 是 Mercer 核，则对 $\forall c \in R^m$，有

$$\sum_{i,j}^{l} C_i C_j \mathrm{K}(x_i, \ x_j) = \sum_{i,j}^{l} C_i C_j \Phi(x_i) \Phi(x_j) = \left\| \sum_i C_i \Phi(x_i) \right\|^2 \geqslant 0$$

因此，K 一定是一个正定核。因为 Mercer 是正定的，所以它是再生核。

3.2.5 核函数的构造

由正定核的等价定义可知，人们可以从通过简单核来去构建复杂核。

假设核函数 $K_3(\theta,\ \theta')$ 是 $R^l \times R^l$ 面上的核。如果 $\theta(x)$ 是一个从 $X \subset R^n$ 到空间 R^l 的映射函数，那么 $K(x,z) = K_3(\theta(x),\ \theta(z))$ 就是 $R^n \times R^n$ 上的核体现。尤其是，假如 $n \times n$ 矩阵 B 是具有半正定特征的，那么 $K(x,\ z) = x^T B z$ 就是 $R^n \times R^n$ 的核。

证明：任意选取 $x_1,\ x_2,\ \cdots,\ x_l \in X$，核函数 $K(x,z) = K_3(\theta(x),\ \theta(z))$ 对应的 Gram 矩阵体现为

$$(K(x_i,\ x_j))^l_{i,\ j=1} = (K_3(\theta(x_i),\ \theta(x_j)))^l_{i,\ j=1} \qquad （3-2-79）$$

这里，令 $\theta(x_t) = \theta_t,\quad t = 1,2,\ldots,l$，

$$(K(x_i,x_j))^l_{i,j=1} = (K_3(\theta_i,\theta_j))^l_{i,j=1} \qquad （3-2-80）$$

由核函数 $K_3(\theta,\ \theta')$ 在 $R^l \times R^l$ 上正定，人们可以得到：在上式中，右侧的矩阵是具有半正定性质的，左侧矩阵是具有半正定性质的。因此，$K(x,\ z) = K_3(\theta(x),\ \theta(z))$ 是一个正定核。

当 B 被定义为一个半正定矩阵时，可分解为下面的形式

$$B = V^T \Lambda V \qquad （3-2-81）$$

对于 $R^l \times R^l$ 上的核 $K_3(\theta,\ \theta') = (\theta,\ \theta')$，让 $\theta(x) = \sqrt{\Lambda} V x$，得到

$$\begin{aligned}
K(x,\ z) &= K_3(\theta(x),\ \theta(z)) \\
&= \theta(x)^T \theta(z) \\
&= x^T V^T \sqrt{\Lambda} \sqrt{\Lambda} V z \\
&= x^T B z \geq 0
\end{aligned} \qquad （3-2-82）$$

因此，可以看到 $K(x,\ z) = x^T B z$ 是一种正定核形式。

若 $f(\cdot)$ 是定义在 $X \subset R^n$ 上的实值函数，则 $K(x,\ z) = f(x) \cdot f(z)$ 是正定核。

证明：只需把双线性形式重写如下

$$\begin{aligned}
\sum_{i=1}^l \sum_{j=1}^l \alpha_i \alpha_j K(x_i,\ x_j) &= \sum_{i=1}^l \sum_{j=1}^l \alpha_i \alpha_j f(x_i) f(x_j) \\
&= \sum_{i=1}^l \alpha_i f(x_i) \cdot \sum_{j=1}^l \alpha_j f(x_j) \qquad （3-2-83） \\
&= \left(\sum_{i=1}^l (\alpha_i f(x_i)) \right)^2 \geq 0
\end{aligned}$$

假设核 K_1 和核 K_2 都是 $X \times X$ 上的核，满足 $X \subset R^n$。对于常数 $a \geq 0$ 条件，下面体现的函数都具有核特征。

73

$$K(x, z) = K_1(x, z) + K_2(x, z) \qquad (3-2-84)$$

$$K(x, z) = aK_1(x, z) \qquad (3-2-85)$$

$$K(x, z) = K_1(x, z) \cdot K_2(x, z) \qquad (3-2-86)$$

证明：对于一个给出的集合 $\{x_1, x_2, \cdots, x_l\}$ ，矩阵 K_1 和矩阵 K_2 分别是相对于这个集合的 Gram 矩阵。

①对 $\forall \alpha \in R^l$ ，有

$$\alpha^T(K_1 + K_2)\alpha = \alpha^T K_1 \alpha + \alpha^T K_2 \alpha \geqslant 0 \qquad (3-2-87)$$

所以 $K_1 + K_2$ 是半正定的，因而 $K_1 + K_2$ 是核函数。

② $\alpha^T a K_1 \alpha = a \alpha^T K_1 \alpha \geqslant 0 \Rightarrow aK_1$ 是核函数。

③令矩阵 K 是 $K(x, z) = K_1(x, z) \cdot K_2(x, z)$ 针对 $\{x_1, x_2, \cdots, x_l\}$ 的 Gram 矩阵，那么矩阵 K_1 和矩阵 K_2 相应位置单元的内积就是矩阵 K 的元素。

$$K = K_1 g K_2 \qquad (3-2-88)$$

开始证明矩阵 K 是半正定的。设 $K_1 = C^T C$ ， $K_2 = D^T D$ ，那么

$$\begin{aligned}
x^T(K_1, K_2)x &= tr[(diagx)K_1(diagx)K_2^T] \\
&= tr[(diagx)C^T C(diagx)D^T D] \\
&= tr[D(diagx)C^T C(diagx)D^T] \\
&= tr[C(diagx)D^T]^T[C(diagx)D^T] \geqslant 0
\end{aligned} \qquad (3-2-89)$$

设 $K(x,z)$ 是 $X \times X$ 上的核。又设 $p(x)$ 是系数全为正数的多项式。则下面的函数均是核。

$$K(x, z) = p(K_1(x, z)) \qquad (3-2-90)$$

$$K(x, z) = \exp(K_1(x, z)) \qquad (3-2-91)$$

$$K(x, z) = \exp\left(-\frac{\|x - z\|^2}{2}\right) \qquad (3-2-92)$$

证明：①记系数全为正数的 q 阶多项式为 $p(x) = a_q x^q + \cdots + a_1 x + a_0$ ，则有

$$K(x, z) = p(K_1(x, z)) = a_q[K_1(x, z)]^q + \cdots + a_1 K_1(x, z) + a_0 \qquad (3-2-93)$$

由前文知结论成立。

②由于指数函数可以用多项式无限逼近，所以 $\exp(K_1(x, z))$ 是核函数的极限。再注意到核函数是闭集，便知结论成立。

③由于

$$\exp\left(-\frac{\|x-z\|^2}{\sigma^2}\right) = \exp\left(-\frac{\|x\|^2}{\sigma^2}\right) \cdot \exp\left(-\frac{\|z\|^2}{\sigma^2}\right) \cdot \exp\left(\frac{2(x \cdot z)}{\sigma^2}\right) \quad （3\text{-}2\text{-}94）$$

由前文知，上式右端前两个因子构成一个正定核。由前文知，$(x \cdot z)$ 是一个正定核。从结论②我们可知：第三个因子也是一个正定核。

3.3　多核学习

多核学习方法能够针对观测数据中的不同特征选取相应的核函数，并在此基础上对核函数进行加权组合。在这种情况下，多核函数的学习过程就可以体现出多种特征，通过这种多特征能力，其在表达观测数据特性的时候就具备比单核函数更优的性能。因此，多核函数学习可以通过自适应优化多个函数的权重，获取更加好的特征提取效果。多核函数的优势在于能够保持不同核函数的优势，展现了经典方法的非线性特征提取能力，这样就继承了核函数的非线性映射特征。因此，利用多核函数进行图像特征提取，设计相应的算法，在当前的数字图像处理的需求下，具有很大的应用前景。

目前，图像特征提取在各个工业领域都有重要应用，因为图像特征提取是图像检测、识别、分类的重要依据。而对于工业界、医疗机构中出现的越来越复杂的图像特征，线性学习方式已经无法一一满足要求，相应的非线性特征提取方法得到了人们更广泛的关注，核方法由于它的非线性特征提取优势已经逐渐成为了应用的首选方案。发生这种情况的原因就在于传统的核学习方法只能提取观测数据的某一项特征，已经无法满足日益复杂的图像特征提取任务，即使勉强提取出来，提取结果的精度和准确度也会大打折扣。因此，对于多核函数，它能够利用多个核函数对观测数据一起进行描述，在计算机支持下，自动调整核函数的权重比例，达到获得最佳提取结果的情况。因此，我们可以看到，研究多核函数支撑的图像特征提取是非常有意义的，这方面研究不仅对于复杂图像特征提取的理论进展有促进作用，还能够在各行各业中展现出多核函数映射图像特征提取方法的发展前途。

3.3.1　核函数性质

通过前文核函数的定义我们可以了解到，核函数是具有多个封闭性质的，这种封闭性质能够支撑，用于构建多核函数。令 $\mathcal{X} \to R^n$，$a \in R^+$，正系数特征多项式表达式为 $\rho(x)$，映射关系 $\Phi : \mathcal{X} \to R^m$，确定的核函数表达

$k_1, k_2 : \mathcal{X} \times \mathcal{X} \rightarrow R^n \times R^n$, $k_3 : \varPhi(x) \times \varPhi(x') \rightarrow R^m \times R^m$，可以构建多种形式的核函数 k'。

①$k'(x, x') = k_1(x, x') + k_2(x, x')$；

②$k'(x, x') = k_1(x, x') \times k_2(x, x')$；

③$k'(x, x') = a k_1(x, x')$；

④$k'(x, x') = k_3(\varPhi(x), \varPhi(x'))$；

⑤$k'(x, x') = \rho(k_1(x, x'))$；

⑥$k'(x, x') = \exp(k_1(x, x'))$。

上面是使用另一个核函数的组合进行解释，相同道理，我们能够把这些性质进一步扩展多核函数组合的方式，如 $k'(x, x') = \sum_{i=1}^{P} a_i k_i(x, x')$，$a_i \in R^+$，或

$k'(x, x') = \prod_{i=1}^{P} k_i(x, x')$ 等。

另外，还有一些针对实际需求，依据观测数据的特征构造核函数的方式。

这里给出 4 种核函数形式，这四种核函数在实际应用中较为普遍。

（1）多项式核函数形式

多项式核函数的数学表达式为 $k(x, y) = (\alpha x^T y + c)^d$。它在使用过程时需要同时归一化待训练样本。在多项式核函数中，我们能够调整参数 a 和 d，而对于常数 c，一般情况下，可以不考虑。多项式核函数的优势是全局性质较优，劣势是局部性质会比较差。

（2）线性核形式

线性核函数是一种比较简洁的表达，这类函数在应用前后对于结果而言，函数优势不显著，比如对于 KPCA，在应用线性核时其并没有体现出比传统 PCA 更好的效果。

（3）Sigmoid 核形式

Sigmoid 核函数的数学表达式为 $k(x, y) = \tanh(\alpha x^T y + c)$，在这个表达式中 $\tanh x = \dfrac{(e^x - e^{-x})}{(e^x + e^{-x})}$。在应用方面，Sigmoid 核函数常常与 SVM 结合使用，用于构造向量机，这对于神经网络学习领域有较大益处。通过 Sigmoid 核的数学表达式，我们能够发现，为了体现核特征，核函数应该是一种正定核形式，实际使用时可以取数据维度的倒数作为参数 a。

（4）径向基核形式

径向基核函数可以由多种形式的核函数组成，高斯核函数是其中的主要形

式，高斯核函数的数学表达式可以写成 $k(x, y) = \exp(-\dfrac{\|x - y\|^2}{2\delta^2})$。在该核函数中，参数 δ 影响很大，当参数 δ 比较小时，径向基核函数会越来越接近线性核函数，其导致的结果就是在高维映射过程是无法体现非线性映射作用。在样本训练过程中，样本噪声会敏感，而高斯核函数是一种局部性能力较强的核函数，这种核函数的对外扩展能力会随着参数 δ 的增大而变化，呈现减弱的趋势。

3.3.2　多核函数构造原理说明

为了结合多核函数学习方法和图嵌入原理下的特征提取方法，这里对多核函数的构造原理进行说明。

影响多核函数构造主要因素有三个，分别如下。

①如何选择多核函数的参数计算方式。

②如何构建一个多核函数。

③如何构建多核函数目标方程。

以下分别对上述三个关键因素进行介绍。

1. 如何选择多核函数的参数计算方式

在单个核函数组合为多个核函数过程中，对于多核函数的参数计算有很多中方式，但是经常应用的有以下三种方式。

（1）固定参数方式

这种方式的特点是，在多个基本核函数构建多核函数的过程里，不用规定相关参数，不管是线性组合方式还是非线性组合方式，我们不需要考虑参数在核函数计算中的影响，因此不用通过学习过程去自适应的选择参数值。因此，这种使用固定参数方式的算法具有较好的执行速度，这是因为，参数需要再去训练，而训练过程会极大影响多核学习算法的执行速度，进而影响算法效率。

（2）离线计算参数方式

不同于固定参数计算方式，这种离线计算参数方式需要对参数进行独立训练，并探究最佳的参数组合方式。在具体应用时，我们需要先离线计算出每个基本核函数的优化参数，然后使用训练数据进行训练，构建一个核函数参数库和一个核函数库，进而提供给应用领域。因为参数的计算过程是在线下完成的，所以这种计算方式也不影响算法的执行效率。

（3）优化参数方式

在这种方式下，参数是基于优化理论获取的，系统通过解析一些优化问题获得参数组合。这里的优化问题通常是比较复杂的，如 SDP，QCQP 等问题，所以在求解这些问题时，会耗费牺牲较多的算法效率，进而使得算法执行效率较低，因此在应用上，这种参数优化方式对于算法的执行效率影响大于固定参数计算优化方式和离散计算参数方式。

除了上述三种方式之外，还有诸如基于贝叶斯定理的参数计算方式、基于强化学习的多核组合参数计算方式等。但是这些方式对于图像特征提取往往效果不佳，因此这里不进行进一步阐述。

2. 多核函数构造方法问题

依据前面介绍核函数的多种性质，多核函数的构造问题可以有以下几种方式。

（1）线性组合方式

目前，很多的多核函数构造方式都使用线性组合方式，这些方式的不同之处是权重参数，通过对权重参数是否设置区分，相应的数学表达形式如式（3-3-1）所示。

$$k(x_i, \ x_j) = \sum_{m=1}^{M} \beta_m k_m(x_i, \ x_j) \qquad （3-3-1）$$

在这里，多核组合权重参数 β 可以限定为

$$\beta \in R^M, \ \beta \in R_+^M, \ 或 \beta \in R_+^M, \ 且 \sum_{m=1}^{M} \beta_m = 1 \qquad （3-3-2）$$

式（3-3-2）中的三种 β 分别对应三种求和方式，分别是线性求和方式、凸求和方式及圆锥求和方式。在上述三种方式中，凸求和方式和锥求和方式对权重参进行了设置，要求具有非负数性质，因此其能够直接通过数值体现某个权重在核函数中的重要性，进而对多个基本核函数进行选择，进而收紧特征空间，保证收敛性。

（2）非线性组合方式

非线性组合方式主要体现在组合的数学操作上，如通过幂级数、加权多项式等数学操作，当然要去参与组合的核函数都需要满足正定条件，只有满足正定条件，才能实现核函数的非线性组合。

（3）数据相关组合方式

数据相关组合方式是一种包含数据的组合方式，通常情况下，数据包含在权重参数 β 的表达式的变量中，如

$$k(x_i, \; x_j) = \sum_{m=1}^{M} \beta_m(x_i)k_m(x_i, \; x_j)\beta_m(x_j) \qquad （3\text{-}3\text{-}3）$$

在这种方式下构造的多核函数能够较好地体现数据结构的局部特征，因此能够应用于有特殊数据特征的映射，如多尺度数据问题、异构数据问题等。

3. 多核函数目标方程构造方法

多核函数目标方程构造方法有很多，对于不同类型的多核函数，目标方程所起的作用是确定这个目标方程的计算方式。常用的方法包括以下两种。

（1）相似原理方法

这种构造方法首先要获得当作参考矩阵的最优核矩阵，这种矩阵可以通过前期的样本训练获得。在此基础上，通过选择最优多核组合参数的过程，去度量多核矩阵和参考矩阵之间的相似性，以最大化为目标进行参数寻优。

（2）结构风险原理方法

这是一种较为复杂的方法，一方面人们要考虑基本核函数及多核函数的复杂度，同时还要考虑系统的风险效果在实现上，其复杂度通过带参数的限制项体现，而风险效果通过带参数的惩罚性体现。

第 4 章　核机器学习方法

4.1　核函数优化方法

4.1.1　核函数优化的意义分析

对于核学习机而言，构造核函数是一个关键的技术步骤，核函数构造的优劣与核学习算法性能直接相关。高斯核函数是最常见的核函数之一。高斯核函数，有些学者也叫作径向基函数（RBF），它是一种沿径向方向体现对称性质的标量函数。对这种函数可以定义成空间中任何一点 x 至中心点 x_c 之间以欧氏距离为变量的函数，这是一种单调函数，标记为 $k(\| x - x_c \|)$，这种函数的作用通常是局部的，也就是说，在 x 远离 x_c 的条件下，函数取值会变得很小。最常用的一种高斯径向基核函数的数学表达式可以写成 $k(\| x - x_c \|) = e^{-\frac{\| x - x_c \|^2}{4\sigma^2}}$，在式中，因数 x_c 体现的是核函数中心，因数 σ 体现的是宽度参数，这两个参数决定了函数的空间径向大小。在计算机视觉应用领域中，人们习惯将高斯核函数简单叫作高斯函数。这种高斯函数的性质对于传统图像处理比较有效，具体体现在高斯函数的 5 个性质当中。这五个高斯函数的性质说明，高斯平滑滤波器是一种非常实用的低通滤波器，在空间领域和频率领域都体现了极佳的效果，目前在实际工程应用中，有很多科研人员都在使用该方法，它的五个性质描述如下。

①对于二维高斯函数所体现的旋转对称性质，这个性质的意思是对于滤波器而言的，平滑表现程度在每个方向都是一致的。通常而言，科研人员无法提前获知一副图像的边缘方向，因此在滤波操作之前，科研人员无法决定在图像的哪个方向需要更多的平滑处理。而利用高斯函数的旋转对称性，能够保证边缘检测处理在通过滤波器后不会偏向某一个具体的方向。

②单值函数是高斯函数的一个重要性质。这个性质体现在，通过高斯滤波器的像素与周边像素相对中心点的距离是同趋势变化的，单调递增或者单调递减，因此系统就可以使用旁边像素加权值来表示中间点的值。这是一个非常有意义的性质，对于图像而言，边缘信息体现的是一种局部特征，假设平滑运算对较远端的像素点影响较大，那这种平滑运算所导致的后果就是图像失真。

③单瓣频谱是高斯函数的傅里叶变换的重要性质。这个性质体现在经过傅里叶变换的高斯函数仍然是高斯函数，由于在处理图像过程中，系统不希望被细纹理信息、噪声信息所带来的高频信号影响，仅仅希望获取诸如边缘信息等图像特征，这些特征既含有低频谱分量信息，还含有高频谱分量信息。通过高斯函数傅里叶变换的单瓣性质我们可以知道，滤波过程中会留下绝大多数需要的信号，同时不会被噪声等高频信号影响。

④参数 σ 体现滤波宽度，滤波宽度影响平滑操作的效果，参数 σ 和平滑程度之间的关系非常明显。具体体现在，当参数 σ 越大，高斯滤波器的频带宽度就越大，所体现出的平滑效果就越佳。系统可以使用调整平滑程度参数 σ 的方式，在图像特征过平滑效果和欠平滑效果之中获取一个理想方案，因为过平滑会引起图像模糊，而欠平滑则是由细纹理信息和噪声信息引起，都不是系统所期望获得的。

⑤可分离性质是高斯函数的重要性质，通过这种可分离性质，可以成功的设计大高斯滤波器。通常，二维高斯函数卷积运算可以通过两个步骤来完成，第一个步骤是完成图像与一维高斯函数之间的卷积运算处理，在此基础上，第二个步骤把第一个步骤获得的卷积结果与方向垂直的同一个纬度的高斯函数进行卷积运算。因此，对于二维高斯滤波的计算复杂度而言，其体现的是一种线性增长趋势，随着滤波宽度变化而增长。

对核函数进行优化可以有效提高核学习算法的性能。在核学习算法的运行中，需要预置核函数的形式及相应参数，这些函数和参数在核学习算法运行过程中是不会发生改变的，而对于数据而言，其在不同核函数作用下会映射到不同的特征空间，这种不同的映射空间体现的是特征的几何结构不同。如果没有选择恰当的核函数，那么数据在特征空间的几何结构就不会体现出一定的结构性，从而无法进行分类操作，进而降低核学习算法的性能。在以往的科研工作里，相关研究人员发现了上述问题，并针对上述问题提出了一些解决思路，如一些学者提出了一种核学习算法，这种算法的特点是核函数参数可以调整，算法的创新性是在具有离散特征的集合中挑出最适合的参数去体现核性质，可以说，通过这些创新性的算法，系统能够某种程度上改善算法的效果，但是由于这仅仅是参数层面的调整，还不能对特征空间内的几何结构产生作用，因此还无法从本质上提升核学习算法的能力。因此，一些学者引入了一个新的理念，这是一种关于数据的理解，体现的是数据相关核特点，通过改变与数据相关的核获得改善结构的目标，具体的技术手段是改变数据相关核的参数，这种方式获得了较好的算法能力。除此之外，米切尔（Micchelli）等学者建议使用核函数组合方式，兰克利（Lanckriet）等学者不选择特定核，而是利用半正定规划的方法直接学习出核矩阵。还有学者描述了一种半监督优化方法，利用凸集的特点去构造基础核函数。目前的核函数主要是以向量为数据格式的，利用这些核函数进行图像特征提取时需要将图像的矩阵数据格式转换为向量的数据格式，需要耗费大量的存储空间和数据格式转换时间，然而至今未见相关研究提出适用于图像数据格式的核函数。

4.1.2　核函数映射

观测数据在不一样的核函数映射下，在非线性空间的结构是不相同的，对应的，观测数据在非线性映射的作用下获得了类别区分特征。当前，还无法找到任何一种核函数对于所有的数据库都适用，核函数与输入数据相关，当输入数据不同时，核函数的结构也不同。这里将学者阿玛丽（Amari）等科研人员提出的方案作为目标核函数，其主要贡献就是数据相关核函数，将这种数据相关核函数进行扩展，相关说明如下。

$$k(x,\ y) = f(x)f(y)k_0(x,\ y) \tag{4-1-1}$$

其中函数 $k_0(x,\ y)$ 表示的是基本核函数，其形式可以是多样的，如高斯核函数、多项式核函数等，函数 $f(x)$ 对于 x 是正的实函数，不相同的函数 $f(x)$ 所体现的相关核在性能上是有差别的，函数 $f(x)$ 能够定义为

$$f(x) = \sum_{i \in SV} a_i e^{-\delta \|x - \tilde{x}_i\|^2} \tag{4-1-2}$$

上式中 $\tilde{x}_i$ 体现的是第 i 个支持向量，集合 SV 为支持向量构成的集合，a_j 表示 $\tilde{x}_i$ 的贡献权重，参数 δ 体现的是一个自由值。

为了获得一个适用性更好的数据相关核函数，可以对数据相关核函数进行扩展。扩展后的核函数形式可以与数据相关核函数相同，仅仅需要对正实函数 $f(x)$ 定义形式进行修改，其形式如下。

$$f(x) = b_0 + \sum_{n=1}^{N_{XV}} b_n e(x,\ \tilde{x}_n) \tag{4-1-3}$$

在上式中，参数 δ 为自由值，数学符号 $\tilde{x}_i$ 体现的是膨胀向量（XVs），符

号 N_{XV} 体现的是 $\tilde{x}_i$ 的个数，符号 $b_n(n=0,1,2,\cdots,N_{XV})$ 体现的是相应的膨胀系数。膨胀向量的样本可以随机从训练样本中抽取，样本值约为三分之一，这种抽取方式是一种较为有效的核函数优化方法。对于扩展数据相关核函数，可以有四种定义 $e(x,\tilde{x}_n)$ 的方法，为了便于说明，分别用 XVs1、XVs2、XVs3 和 XVs4 这种标记符号进行表示。

XVs1：

$$e(x,\ \tilde{x}_n)=e(x,\ x_n)=\begin{cases}1 & x\ 与x_n\ 属于同一类样本\\ e^{-\delta\|x-x_n\|^2} & x\ 与x_n\ 属于不同一类样本\end{cases}$$

$$(n=1,\ 2,\ \cdots,\ M) \qquad (4\text{-}1\text{-}4)$$

第一种方法是将训练样本都当作膨胀向量，这些训练样本里面类表示信息。这是一种监督学习的方法，通过该方法对数据相关核函数可以进行针对性的核学习。应用这种方法时，在训练的同时需要同步考虑样本之间的种类，期望在构建 $e(x,\tilde{x}_n)$ 的时候把同类样本聚集到一起。对于不是同类的样本，可以依据数据相关核函数的定义，按照原来构造 $e(x,\tilde{x}_n)$ 的方式进行构建。当前，许多机器学习算法在训练过程中的样本信息类别时是已知的，比较支持向量机方法、线性判别分析方法等，因此由这种方法定义的数据相关核函数方式在多个场景都有应用。

XVs2：

$$e(x,\ \tilde{x}_n)=e(x,\ x_n)=e^{-\delta\|x-x_n\|^2},\ (n=1,2,\cdots,M) \qquad (4\text{-}1\text{-}5)$$

第二种方法是计划将没有考虑样本类标识信息的训练样本量组成膨胀向量。这种方法与第一种方法不同，这种方法利用支持向量机的理论，在训练样本中抽取 1/3 的样本当作膨胀向量进行训练。而在一些应用领域里，如基于核判别分析的应用场景等，系统需要把获取的一切训练样本都当作支持向量。因此，在上述条件下，所有的训练样本一起构成了膨胀向量，那么膨胀向量在数量上与训练样本是一致的（$M=XVs$）。

XVs3：

$$e(x,\ \tilde{x}_n)=e(x,\ x_n)=\begin{cases}1 & x\ 与\bar{x}_n\ 属于同一类样本\\ e^{-\delta\|x-\bar{x}_n\|^2} & x\ 与\bar{x}_n\ 属于不同一类样本\end{cases}$$

$$(n=1,\ 2,\ \cdots,\ L) \qquad (4\text{-}1\text{-}6)$$

在上式中，$N_{XV}=L$，$\bar{x}_n$ 表示第 n 类样本值的平均计算。由于方法 XVs1 和方法 XVs2 的计算量比较大，因此第三种方法是针对解决这个问题的。由于前面两种方法的膨胀向量使用了所有样本，这种方式在小样本数据时不会带来计算能力方面的挑战，但是对于使用大样本数据的应用场景，就会带来计算能力方面的压力，因此第三种方法主要考虑的是计算效率问题。这种方法对同类样本进行平均值运算，由运算结果平均向量构建膨胀向量，在考虑样本相对于每个样本中心位置的分布条件的同时，还侧重考虑样本的属性类标识。

XVs4：

$$e(x, \tilde{x}_n) = e(x, \bar{x}_n) = e^{-\delta\|x-\bar{x}_n\|^2}, \quad (n=1, 2, \cdots, L) \qquad （4-1-7）$$

第四种方法的原理也是对同类样本进行平均值计算，由运算结果平均值沟通膨胀向量，与第三种方的区别是仅仅考虑样本相对每个样本中心位置的分布条件，而不考虑样本的属性类标识，是对第三种方法的补充。

通过上面的描述，我们可以发现，依据数据相关核函数的相关定义，当明确膨胀向量 $\tilde{x}_n$（$n=0, 1, 2, \cdots, N_{XV_s}$ 和自由参数 δ 和）的前提下，随着膨胀系统 b_n（$n=0, 1, 2, \cdots, N_{XV_s}$）的不断改变，由数据相关核函数支撑的映射空间内部的数据几何结构也会发生相应变化。因此，为了完善非线性映射空间数据的几何结构，可以通过改变膨胀系数来进行，进而让使用这个核函数的核学习算法获得理想性能。

4.1.3　基于费希尔准则和最大间隔准则的优化算法

如上节所描述的那样，系统可以通过扩展形式的核函数实现优化，具体方法是利用膨胀系数来去完善数据的几何结构，并采用调整非线性映射空间的数据方式进行。因为在非线性映射空间内，对于样本的数学运算复杂度较高，所以需要引进一个新的概念，称为经验特征空间。

这里令符号 $\{x_i\}_{i=1}^n$ 表示 d 维向量的训练样本观测值，X 表示以 x_i^T，$i=1, 2, \cdots, n$ 作为列向量成分的 $n \times n$ 维度矩阵样本，参数 K 体现的是矩阵秩为 r 的 $n \times n$ 维度矩阵 $K = [k_{ij}]_{n \times n}$，矩阵中的元素 k_{ij} 如下表示。

$$k_{ij} = \Phi(x_i)g\Phi(x_j) = k(x_i, x_j) \qquad （4-1-8）$$

在这里，由于矩阵 K 是一个具有正定性质的对称矩阵，因此可以把矩阵变换为

$$k_{ij} = \Phi(x_i)g\Phi(x_j) = k(x_i, x_j) \qquad （4-1-9）$$

在下式中，矩阵符号 Λ 是由核矩阵 K 的 r 个正特征值一同构建的矩阵，这是一个对角矩阵的形式，矩阵符号 P 是由特征值对应的特征向量一同构建的矩阵。因此，在输入空间进行映射，映射到 r 维欧式空间，对应的映射关系是

$$\Phi_r^e : \chi \rightarrow R^r$$

$$x \rightarrow \Lambda^{-1/2} P^T (k(x, \ x_1), \ k(x, \ x_2), \ \cdots, \ k(x, \ x_n))^T \quad (4\text{-}1\text{-}10)$$

这对应的映射方式叫作经验核映射方式，因此可以将映射空间 $\Phi_r^e(\chi) \subset R^r$ 称作经验特征空间。

这里给出一个结论，对于非线性映射空间内的样本 $\{\Phi(x_i)\}_{i=1}^n$ 而言，它的结合结构和经验特征空间内样本 $\{\Phi_r^e(x_i)\}_{i=1}^n$ 是一致的，相关说明如下。

如果矩阵 Y 是一个由列向量 $\Phi_r^e(x_i)$ 构建的 $n \times r$ 矩阵，那么

$$Y = KP\Lambda^{-1/2} \quad (4\text{-}1\text{-}11)$$

除此之外，经验特征空间内的样本 $\{\Phi_r^e(x_i)\}$ 的内积矩阵的计算方式如下

$$YY^T = KP\Lambda^{-1/2}\Lambda^{-1/2}P^T K = K \quad (4\text{-}1\text{-}12)$$

由此我们可以发现，这个结果与特征空间内 $\{\Phi(x_i)\}_{i=1}^n$ 的内积矩阵是一致的。对于特征空间内 n 个向量 $\{\Phi(x_i)\}_{i=1}^n$，向量直接的角度关系和距离关系可以通过式（4-1-13）进行求解。

$$\left\| \Phi(x_i) - \Phi(x_j) \right\|^2 = k(x_i, \ x_i) + k(x_j, \ x_j) - 2k(x_i, \ x_j) \quad (4\text{-}1\text{-}13)$$

上式证明了，对于训练样本而言，它在特征空间的几何结构和在经验特征空间的几何结构是一致的，因此在这两个空间内，对于类别的区分能力是相同的。为了尽量让面向样的类区分能力性能最好，系统可以通过在经验特征空间内对核函数全面优化的方式进行。具体方法是，首先设置膨胀向量，在基础上构建约束方法，通过一些优化方法求出满足优化要求的膨胀系数值，进而完善核函数，实现优化的目标。

这里用两个准则类度量样本类别区分度，这两个准确分别是最大间隔准则（MMC 准则）和费希尔准则（FC 准则），系统在两个准则的基础上，基于约束关系建立目标函数，进而利用优化方程求出膨胀系数。

在多个应用领域，费希尔准则是度量样本数据类分散程度的一种有效方式，因此在特征提取时通过费希尔准则来度量在经验特征空间内样本数据的区分度是非常合理的。在上述经验特征空间内，观测样本的类区分度可以通过如下数学表达式体现

$$J_{Fisher} = \frac{tr(S_B^\Phi)}{tr(S_W^\Phi)} \quad (4\text{-}1\text{-}14)$$

其中，J_{Fisher} 为衡量类线性分散度的标量，S_B^Φ 为类间分散矩阵，S_W^Φ 为类内分散矩阵，tr 表示矩阵的迹。

如果矩阵 K 是计算所有观测样本计算获得的核矩阵，计算矩阵内元素 x_i 和元素 x_j，获得一个核函数值 k_{ij} $(i, j = 1, 2, \cdots, n)$，参数 K_{pq}, p, $q = 1, 2, \cdots, L$ 是一个 $n_p \times n_q$ 维度的核矩阵，通过计算 p 类样本和 q 类样本获取。在这种情况下，$tr(S_B^\Phi) = 1_n^T B 1_n$ 和 $tr(S_W^\Phi) = 1_n^T W 1_n$ 的关系是满足的，体现的是经验特征空间内观测值的散布矩阵的秩和类内矩阵的秩之间的关系。在这里，矩阵 B 和矩阵 W 分别为

$$B = diag(\frac{1}{n_1} K_{11}, \frac{1}{n_2} K_{22}, \cdots, \frac{1}{n_L} K_{LL}) - \frac{1}{n} K \qquad (4\text{-}1\text{-}15)$$

和

$$W = diag(k_{11}, k_{22}, \cdots, k_{nn}) - diag(\frac{1}{n_1} K_{11}, \frac{1}{n_2} K_{22}, \cdots, \frac{1}{n_L} K_{LL}) \qquad (4\text{-}1\text{-}16)$$

根据上文，在明确由映射的核函数后，经验空间上的类别区分度可以描述为式（4-1-17），这种核函数可以由基础核函数为 $k_0(x, y)$ 衍生的数据相关核 $k(x, y)$ 担任。

$$J_{Fisher} = \frac{1_n^T B 1_n}{1_n^T W 1_n} \qquad (4\text{-}1\text{-}17)$$

由数据相关核的定义可知，令 $D = diag(f(x_1), f(x_2), \cdots, f(x_n))$，矩阵 K 表示数据相关核矩阵，核矩阵 K_0 表示基本核矩阵 $k_0(x, y)$，两个矩阵之间的关系表示为

$$K = D K_0 D \qquad (4\text{-}1\text{-}18)$$

相应地，有 $B = D B_0 D$ 和 $W = D W_0 D$ 成立。那么，在数据相关核映射的经验特征空间内有

$$J_{Fisher} = \frac{1_n^T B D_0 D 1_n}{1_n^T D W_0 D 1_n} \qquad (4\text{-}1\text{-}19)$$

其中，1_n 为 n 维的单位向量，根据数据相关核的定义，可得

$$D 1_n = E \alpha \qquad (4\text{-}1\text{-}20)$$

其中 $\alpha = [a_0, a_1, a_2, \cdots, a_{N_{xn}}]^T$，矩阵 E 为

$$E = \begin{bmatrix} 1 & e(x_n, \tilde{x}_1) & \cdots & e(x_1, \tilde{x}_{N_{XVs}}) \\ \vdots & \vdots & \ddots & \vdots \\ 1 & e(x_n, \tilde{x}_1) & \cdots & e(x_n, \tilde{x}_{N_{XVs}}) \end{bmatrix}$$

由式（4-1-19）和式（4-1-20）可得

$$J_{Fisher} = \frac{\alpha^T E^T B_0 E \alpha}{\alpha^T E^T W_0 E \alpha} \qquad （4-1-21）$$

在这里，矩阵 $E^T B_0 E$ 和矩阵 $E^T B_0 E$ 是具有常数特征的矩阵，函数 J_{Fisher} 体现的是向量 α 的变化。当膨胀系数向量 α 不一样时，数据在经验特征空间内的几何结构是不一样的，这样其就对不同的观测样本具备了类别判别能力。为了在经验特征空间内对的观测样本实现最有效的分类，系统需要获得一个参数 α 来保证 J_{Fisher} 是最优的。假设 α 是一个满足 $\alpha^T \alpha = 1$ 的单位向量，通过建立（4-1-22）的约束方法进行求解。

$$\max \quad J_{Fisher}(\alpha)$$
$$\text{subject to} \quad \alpha^T \alpha - 1 = 0 \qquad （4-1-22）$$

在求解上述方程过程中，可以使用的优化方法很多，这里以梯度法为例进行说明，去求解约束优化方程（4-1-14），令 $J_1(\alpha) = \alpha^T E^T B_0 E \alpha$ 和 $J_2(\alpha) = \alpha^T E^T W_0 E \alpha$，$J_1(\alpha)$ 和 $J_2(\alpha)$ 分别对 α 求偏微分可得

$$\frac{\partial J_1(\alpha)}{\alpha} = 2 E^T B_0 E \alpha \qquad （4-1-23）$$

$$\frac{\partial J_2(\alpha)}{\alpha} = 2 E^T W_0 E \alpha \qquad （4-1-24）$$

那么对 $J_{Fisher}(\alpha)$ 求偏微分可得

$$\frac{\partial J_{Fisher}(\alpha)}{\partial \alpha} = \frac{2}{J_2^2}(J_2 E^T B_0 E - J_1 E^T W_0 E)\alpha \qquad （4-1-25）$$

为了使 J_{Fisher} 最大，令 $\frac{\partial J_{Fisher}(\alpha)}{\partial \alpha} = 0$，那么

$$J_1 E^T W_0 E \alpha = J_2 E^T B_0 E \alpha \qquad （4-1-26）$$

如果存在 $\left(E^T W_0 E\right)^{-1}$，就有如下关系

$$J_{Fisher} \alpha = (E^T W_0 E)^{-1}(E^T B_0 E)\alpha \qquad （4-1-27）$$

数值 J_{Fisher} 与 $(E^T W_0 E)^{-1}(E^T B_0 E)$ 的最大特征值是等价的，性能最好的膨胀系数向量 α 由对应的特征向量体现。

在很多实际场景中，$(E^T W_0 E)^{-1}(E^T B_0 E)$ 不是一种对称的结构，有时 $E^T W E$ 是一个奇异的矩阵。因此，在求解最优最优解 α 的过程中，可以使用循环迭代进行计算，即

$$\alpha^{(n+1)} = \alpha^{(n)} + \varepsilon(\frac{1}{J_2}E^T B_0 E - \frac{J_{Fisher}}{J_2}E^T W_0 E)\alpha^{(n)} \qquad (4\text{-}1\text{-}28)$$

参数 ε 被定义做学习效率，通过以下数学表达式体现

$$\varepsilon(n) = \varepsilon_0(1 - \frac{n}{N}) \qquad (4\text{-}1\text{-}29)$$

在上式中，参数 ε_0 为起始学习效率，参数 n 表示的是当前的循环数，参数 N 表示的是之前已经确定的循环总数。

在求解最优的膨胀系数向量过程中，第一步先要进行初始化，初始化的参数是初始学习率 ε_0 参数和循环总数 N 参数，这两个参数对算法的影响是，参数 ε_0 影响算法的收敛速度，参数 N 影响算法的求解时间，为了获得性能最好的膨胀系数向量，需要把参数 ε_0 和参数 N 都选取恰当。因此，对于膨胀系数向量而言，它的解是不固定的，这与学习参数地选取有关。但是循环迭代算法有一个不足，就是计算时间较长。

4.1.4　实验分析

这里利用仿真实验验证上面所设计的两种核优化方法，实验数据选择人脸数据库。

在实验中生成了两种类型的样本，这两种样本都符合高斯分布，不同的就是高斯函数的参数不同。第一类样本的样本数量是 150 个，第二类样本的样本数量是 170 个。第一类样本数据高斯函数参数为 $\mu_x = -2$，$\mu_y = 0$，$\sigma_x = 2$ 和 $\sigma_y = 1$；第二类样本数据高斯函数的参数为 $\mu_x = 2$，$\mu_y = 0$，$\sigma_x = 1$ 和 $\sigma_y = 2$。样本的示意图如 4-1-1 所示，第一类样本和第二类样本在原始空间上发生了叠加情况。为了描述这种情况，首先观测核函数映射的效果，这是经过经验特征空间的实际观测值状态获得的。这里的参数选择为，参数 $\gamma = 0.001$，通过高斯核 $k(x, y) = e^{-\gamma\|x-y\|^2}$ 和多项式核 $k(x, y) = (x^T y)^2$ 对观测值进行映射，观测值在经验特征空间内的分布情况如图 4-1-2 所示，由此我们可以发现，在经验特征空间内，利用核方法后，观测值的类别判断性能没有提高，反而有所降低。因此说明在没有进行核优化设计时，核函数不一定会增加算法性能。

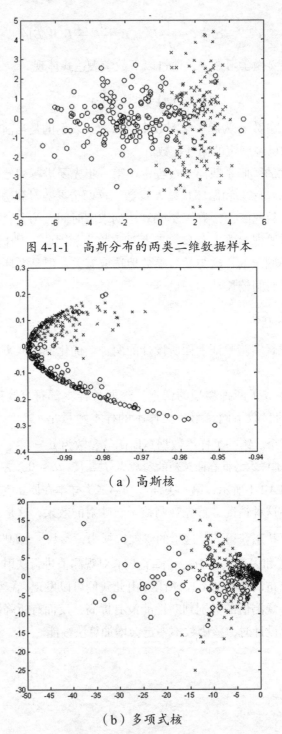

图 4-1-1　高斯分布的两类二维数据样本

（a）高斯核

（b）多项式核

图 4-1-2　经验特征空间内数据样本的分布情况

首先观察费希尔准则的优化方法的效果，选择不同的循环次数进行求解。如图 4-1-3 所示，在循环次数达到 150 次时，取得了很好的核优化的效果。经验特征空间内的数据样本有很好的聚类效果，同类的样本距离更近，该分布情况适用于样本分类。同时，也可以直观地看到循环次数对优化效果的影响，在选择不同的循环次数时，样本在经验特征空间内分布有很大的区别。因此，这也是基于费希尔准则的核优化算法所面临的问题。

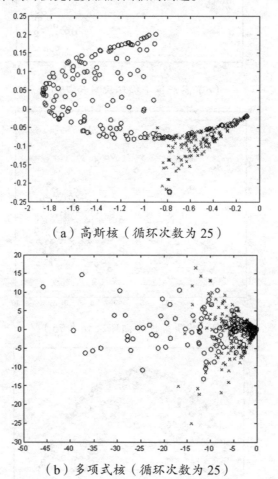

（a）高斯核（循环次数为 25）

（b）多项式核（循环次数为 25）

图 4-1-3　基于 Fisher 准则核优化中循环迭代次数的选择

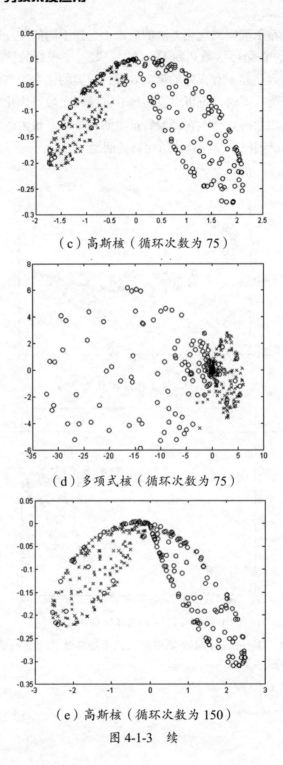

（c）高斯核（循环次数为 75）

（d）多项式核（循环次数为 75）

（e）高斯核（循环次数为 150）

图 4-1-3　续

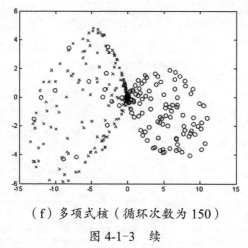

（f）多项式核（循环次数为 150）

图 4-1-3　续

　　其次观察最大间隔准则的优化方法的效果，并与费希尔准则进行比较，其中费希尔方法的循环迭代次数选择为 400，选择高斯核作为数据相关核的基本核函数。如图 4-1-4 所示，依据样本在经验特征空间的分布情况来分析，最大间隔准则的效果与费希尔准则比较一致，这说明在进行核优化处理方面，这两种方法是有共同点的。但是它们的区别在于，在应用循环算法求解时，初始化参数地选取会影响费希尔准则方法的效果。因此，从这个层面来看，费希尔准则方法不如最大间隔准则方法。

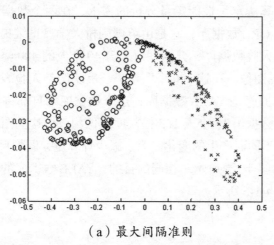

（a）最大间隔准则

图 4-1-4　两种核优化算法的性能比较

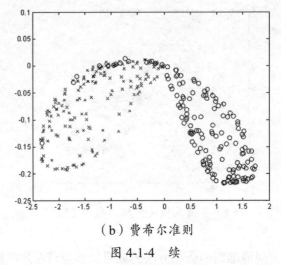

（b）费希尔准则

图 4-1-4 续

因此，从上面的描述我们可以看到，算法的性能和核函数选取有一定关系，如果没有选择一个合适的核函数，算法的性能不仅不会提升，还有可能下降，但是人们可以通过核优化方式解决核函数选择不当的问题。在核优化的作用下，两种核优化方法能够获得类似的结果，通过实验结果也能证明，费希尔准则在求解问题时是有效的。上述方法的计算复杂度、计算效率也是一个重要关注点，后面的实验将会考察这个问题。

下面，面向算法定量性能定量分析的需求，在两个数据库上进行实验，第一个数据库是 ORL 数据库，它是由英国剑桥大学奥里维提（Olivetti）研究团队设计构建的人脸数据库，数据库由来自 40 个人的 400 幅灰度图像组成，每个人提供 10 幅图像。在这 400 个图像里，反映的是人脸表情、姿态程度的不同。第二个数据库是 YALE 数据库，这个数据库来自耶鲁计算视觉与控制中心团队，这个数据由 15 个人 165 幅灰度图像构成，这些图像体现了人脸随着表情、光照的不同而产生的变化。为了减少计算量，图像尺度由 112×92 调整到 48×48，如图 4-1-5 所示。相同的目的，YALE 数据库的图像尺度调整到 100×100，如图 4-1-6 所示。

图 4-1-5 ORL 数据库的人脸图像（图像剪裁为 48×48）

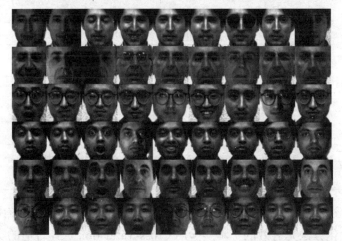

图 4-1-6 YALE 数据库的人脸图像（图像剪裁为 100×100）

在这里通过实验，考量 FisherCriterion 优化方法和 MaximumMarginCriterion 优化方法的性能，同时评价 XVs1，XVs2，XVs3，XVs4 这四种构建膨胀向量的技术手段。系统首先对人脸图像进行原始分类，在这个过程中使用的分类器是费希尔算法的评价指标，就是人脸识别的准确率。在评价两种核优化算法的计算时间时，因为两种方法在求解时所用的优化方法不同，不方便公平比较，所以就使用求解膨胀系数向量过程所使用的时间来代替，进而评价评估算法计算时间和执行效率。表 4-1-1 展现的是算法在 ORL 数据库上的准确率和计算时间，表 4-1-2 展现的是算法在 YALE 数据库上的准确率和计算时间。实验结果表明，相比应用 FisherCriterion 方法，MaximumMarginCriterion 方法能够得到更高的人脸识别正确率，同时计算效率也较佳。同时我们可以看到，这两种方法在识别准确率的表现方面是有差距的，这是因为FC方法会初始化相关参数，这些参数对算法的性能有较大影响，在算法效率方面，FC方法利用了循环迭代方式，这种方式会使用较多的时间，降低了算法计算效率。观测四种膨胀向量创建方法对算法性能的影响，我们可以看到，四种算法准确度都相似，不同之处在于算法执行效率，由于方法 XVs3 和方法 XVs4 方法中矩阵 E 的维数较小，所以这两种算法的计算时间少，算法执行效率高。

表 4-1-1　算法在 ORL 数据库上的性能

性能项目	算法	XVs1	XVs2	XVs3	XVs4
识别率（%）	MMC	93.65	93.40	93.35	93.55
	FC	92.45	92.15	92.10	92.40
时间消耗（s）	MMC	0.05	0.05	0.02	0.02
	FC	1.50	1.48	0.20	0.19

表 4-1-2　算法在 YALE 数据库上的性能

性能项目	算法	XVs1	XVs2	XVs3	XVs4
识别率（%）	MMC	91.87	92.27	92.00	92.27
	FC	90.00	91.47	90.79	91.87
时间消耗（s）	MMC	0.03	0.05	0.02	0.02
	FC	0.32	0.32	0.08	0.06

通过上述实验结果我们可以看出，本实验所提出的数据相关核函数扩展方法及其核优化方法是有效的。本实验用 Cross-Validation 选择合适的实验运行参数，是否有其他参数选择方法还有待于进一步验证。此外，本实验中样本总数很小，对于大样本数据所面临的计算效率挑战，还需要进一步解决。

4.2　自适应核判别分析

4.2.1　核判别分析

在以核学习为算法基础的特征提取方法中，核判别分析算法是有着举足轻重的作用的，这种算法最核心的思路仍然是映射，系统通过这种方式把观测数据从输入空间映射到一个非线性的空间，然后在非线性空间内对观测数据使用

LDA 算法，将数据在非线性映射空间的特征转换到特征空间，进而方便提取特征。

在近一段的国外与国内研究中，核判别分析算法由于性能优异，在各个领域获得了科研人员的广泛关注，提出了一系列改进算法。现有的改进算法大致上分为两类：①优化输入空间 - 非线性映射空间的映射过程，通过调节核函数的参数来实现非线性映射的优化；②优化非线性映射空间 - 特征空间的映射过程，通过改进求解最优映射矩阵的方法来改进算法性能。

目前在上述两类改进算法中，仍然存在一些有待于改进的地方。接下来采用第一种改进算法进行研究，在过去的研究工作中，研究人员只采用如多项式核和高斯核等核函数来进行非线性映射，在离散数据库中选取用于构建核函数的参数值，不过这种方法存在不足，那就是无法改变函数核的结构，因此不能从根本上提升算法性能。下面将数据相关核应用于核判别分析算法中，提出基于数据相关核函数的核判别分析算法。算法的优势在于可以通过调整数据相关核函数的参数来调整数据从原始输入空间到非线性映射空间的映射，并且通过简单地调整参数实现核函数结构的调整。结合核优化思想，有人提出了基于核优化 + 线性判别分析架构的两种改进算法，两种算法的基本思路是一致的，只是在求解数据相关核函数自适应参数的方法上有所不同，即分别利用费希尔准则（FC）和最大间隔准则（MMC）两种准则，因此提出了 MMC+FC 和 FC+FC 的两种改进算法。除此之外，基于核方法对一些改进方法进行变形，比如线性判别分析改进算法（DCV），还有利用空间同构映射理论的方法，推导出以 KPCA+DC 为基础的两阶段自适应 KDCV 算法。

核判别分析（KDA）算法的基本思想描述：第一步把原始训练样本进行映射，映射的方式是利用一个非线性映射 Φ，将样本全部映射到高维特征空间 F 中，在此基础上，在高维空间 F 中去完成线性判别分析算法。对于一个明确的属于 L 类的 N 维空间 R^N 内的 M 个训练样本 $\{x_1, x_2, \cdots, x_M\}$，在空间 R^N 内面，样本数据可以基于非线性映射 Φ 进行映射，将特征信息转换到特征空间 F，其数学表达式为

$$\Phi: R^N \rightarrow F, \; x \mapsto \Phi(x) \tag{4-2-1}$$

由于特征空间 F 的维数是不确定的，有可能是无穷维度的，因此为了不直接展现经过映射后的样本，在这里加入核函数运算，通过这些核函数去计算特征空间上的内积，表达式为 $k(x, y) =< \Phi(x), \Phi(y) >$。在经过非线性映射处理操作后，定义特征空间 F 上的散布矩阵 S_B^{Φ} 和总体散布矩阵 S_T^{Φ} 的方法可以用以

下数学表达式说明

$$S_B^{\Phi} = \sum_{i=1}^{L} \frac{n_i}{M}(m_i^{\Phi} - m^{\Phi})(m_i^{\Phi} - m^{\Phi})^T \qquad (4\text{-}2\text{-}2)$$

$$S_T^{\Phi} = \frac{1}{M}\sum_{i=1}^{M}(\Phi(x_i) - m^{\Phi})(\Phi(x_i) - m^{\Phi})^T \qquad (4\text{-}2\text{-}3)$$

这里 $m^{\Phi} = \frac{1}{M}\sum_{i=1}^{M}\Phi(x_i)$，$m_j^{\Phi} = \frac{1}{M}\sum_{i=1}^{n_j}\Phi(x_i)$，可得

$$J(V) = \frac{V^T S_B^{\Phi} V}{V^T S_T^{\Phi} V} \qquad (4\text{-}2\text{-}4)$$

在式中，符号 V 表示判别向量，依据 Mercer 核函数理论可知，对于任何一个解向量 V，它的位置一定在 $\{\Phi(x_1),\ \Phi(x_2),\ \cdots,\ \Phi(x_M)\}$ 张成的空间内可以确定，也就是说，有系数 $c_p(p=1,\ 2,\ \cdots,\ M)$ 保证

$$V = \sum_{p=1}^{M} c_p \Phi(x_p) = \Psi \alpha \qquad (4\text{-}2\text{-}5)$$

这里 $\Psi = [\Phi(x_1),\ \Phi(x_2),\ \cdots,\ \Phi(x_M)]$ 和 $\alpha = [c_1,\ c_2,\ \cdots,\ c_M]^T$。因此，公式（4-2-4）可以变换为

$$J(\alpha) = \frac{\alpha^T KGK\alpha}{\alpha^T KK\alpha} \qquad (4\text{-}2\text{-}6)$$

这里 $G = \mathrm{diag}(G_1,\ G_2,\ \cdots,\ G_L)$，$G_i$ 体现的是内部元素 $\frac{1}{n_i}$ 的 $n_i \times n_i$ 矩阵，K 是基于核函数 $k(x,y)$ 计算获得的核矩阵。实际上，通常使用 d 个判别向量 $\alpha_1,\ \alpha_2,\ \cdots,\ \alpha_d$，令 $A_{opt} = [\alpha_1,\ \alpha_2,\ \cdots,\ \alpha_d]$ 进行表示，那么矩阵 A_{opt} 可以保证

$$A_{opt} = \arg\max \frac{|A^T KGKA|}{|A^T KKA|} \qquad (4\text{-}2\text{-}7)$$

在这种情况下，观测值 x 所对应的特征向量 y 为

$$y = A_{opt}^T [k(x,\ x_1),\ k(x,\ x_2),\ \cdots,\ k(x,\ x_n)]^T \qquad (4\text{-}2\text{-}8)$$

算法流程描述如下。

①首先确定核函数 $k(x,\ y)$ 及其对应参数向量，通过计算获得核矩阵 k。

②在①的基础上，解析式（4-2-7）获得一个映射特征矩阵 A_{opt}。

③获得观测样本 x 的特征向量表达式，表示成

$$y = A_{opt}^T [k(x,\ x_1),\ k(x,\ x_2),\ \cdots,\ k(x,\ x_n)]^T$$

以核判别分析算法为基础提出三种改进算法。前两种改进算法为核优化＋线性映射的两阶段方法，分别利用两种准则进行核优化，提出了基于 FC+FC 的自适应核判别分析和基于 MMC+FC 的自适应核判别分析算法。此外，用核方法扩展 DCV 算法，利用空间同构映射理论推导出 KPCA+DCV 两阶段的 KDCV 算法，并用仿真实验验证了算法可行性。

1. 基于 FC+FC 的自适应核判别分析算法

由核判别分析算法介绍可知，对于核判别分析算法而言，算法执行的主要流程是整体先利用非线性映射手段将原始空间的数据映射到非线性映射空间，随后再利用线性映射将数据映射到低维特征空间，目的是让同类观测样本在特征空间内聚集，不同类观测样本远离。这是一种利用核方法来处理非线性映射关系的思路，对于不同的非线性映射，可以使用不同的核函数。为了保证观测样本在特征空间内具备线性可分性，需要选择一个合适的核函数进行映射。

在核判别分析算法中，可以利用数据相关核进行设计，利用数据相关核的核判别分析算法，相应的费希尔准则函数表示为

$$J_{Fisher}(\beta) = \frac{\beta^T \hat{K} G \hat{K} \beta}{\beta^T \hat{K} \hat{K} \beta}$$ （4-2-9）

在上式中，矩阵 $\hat{K}$ 是通过计算数据相关核 $\hat{k}(x, y)$ 计算获取的矩阵。为了清晰说明算法的推导过程，将相关核函数的再一次定义

$$\hat{k}(x, y) = f(x)f(y)k(x, y)$$ （4-2-10）

在式中，表达式 $k(x, y)$ 体现的是基本核函数，函数 $f(x)$ 是变量 x 的正值函数曲线，对数据相关核函数进行扩展，表达式为

$$f(x) = b_0 + \sum_{n=1}^{N_{XV}} b_n e(x, \tilde{x}_n)$$ （4-2-11）

在式中 $\alpha = [b_0, b_1, \cdots, b_{N_{XV}}]^T$，明确参数 α 及对应的核函数 $k(x, y)$ 后，可以得到数据相关核函数的形式。根据式（4-2-9）和对于数据相关核功能的描述，可以得到下面的优化方程形式

$$\max J(\alpha, \beta)$$

$$subject\ to\ \ \|\alpha\| = 1\ \ and\ \ \|\beta\| = 1$$ （4-2-12）

这种方法与传统核判别分析算法的区别在于，这种算法有两个需要求解的参数，分别是参数 α 和参数 β，这是一种新的核优化思路，因此在求解最优方程（4-2-12）的时候有两个阶段，第一个阶段是求出数据相关核函数的参数 α，

第二个阶段是求解判别向量参数 β。因此，这里利用两阶段算法进行参数选择，这种具有自适应特点的参数选择方法，原理上仍然利用 FC 进行求解，获得映射矩阵。

算法流程如下。

①初始化基本核函数 $k(x, y)$ 形式、初始化数据相关核函数 $\hat{k}(x, y)$ 参数。
②根据训练样本观测值，结合构造膨胀向量，构建矩阵 E，矩阵 B 和矩阵 W。
③基于 FC 准则，获得一个膨胀系数向量 α，该向量对应于数据相关核函数。
④依据③中获得的膨胀系数向量 α 去设计核矩阵 K，构建一个核函数。
⑤求出判别向量 β，利用的法则是 FC。

2. 基于 MMC+FC 的自适应核判别分析算法

该改进算法的基本思路与上个改进算法相同，如图 4-2-1 所示，在数据从输入空间到非线性映射空间之间的映射加上核优化过程，同样采用数据相关核函数进行核优化。

图 4-2-1 改进算法原理框图

该算法与前一种算法有不一样的地方，具体体现在求解数据相关核函数膨胀系数方法不一致。这种算法在核优化的过程中使用了 MMC 准则，用 MMC 准则去自适应的选择参数，用 FC 准则进行求解映射矩阵。算法在两阶段的步骤说明如下。

第一阶段：为了获得核函数的自适应参数 α，需要基于 MMC 准则构建最优方程。

$$\max J_{\text{MMC}}(\alpha)$$

$$\text{subject to} \quad \|\alpha\| = 1 \tag{4-2-13}$$

第二阶段：在前一个阶段明确最优核函数的基础上，对参数进行配置，然后进行具有线性关系的映射操作，在映射过程中所应用的算法与核判别分析过程算法相同。在这个阶段，使用费希尔准则构建最优方程，表达式为

$$\max J_{FC}^{(\alpha)}(\beta)$$

$$\text{subject to} \quad \|\beta\| = 1 \tag{4-2-14}$$

算法流程如下。

①初始化基本核函数 $k(x, y)$ 形式、初始化数据相关核函数 $\hat{k}(x, y)$ 参数。

②根据训练样本观测值，结合构造膨胀向量，构建矩阵 E，矩阵 B 和矩阵 W。

③基于 MMC 准则，获得一个膨胀系数向量 α，该向量对应于数据相关核函数。

④依据③中获得的膨胀系数向量 α 去设计核矩阵 K，构建一个核函数。

⑤求出判别向量 β，利用的法则是 FC。

为了验证上面三种算法对于图像特征提取的性能，在数据库 ORL 和数据库 YALE 上进行实验。方法的第一步是利用算法对人脸图像进行特征提取，在此基础上，把人脸图像分类归纳，评价算法能力的指标选择人脸识别准确率。分类器选取最邻近分类器，该分类器的数学描述是，在明确的相似量度 δ 的前提下，分类方法可以如下表示。

$$\delta(F, M_k^0) = \max \quad \delta(F, M_j^0) \qquad (4\text{-}2\text{-}15)$$

在上式中，其中参数 M_k^0 是类 ω_k 中训练样本的平均值。在此基础上，计算未知类样本的特征 F 与参数 M_j^0 的近似程度，分类结果以近似程度最高的类为准则进行选取。

仿真实验设置说明，对于训练集和测试集地选取，划分方法为：对于数据库 ORL 而言，训练样本集由 5 个样本构建，抽取方式为随机抽取方式，剩余的 5 个样本一起构成测试集；对于数据库 YALE 数据库而言，训练样本集由 5 个样本构建，抽取方式为随机抽取方式，剩余的所有图像一起构建测试集。在不同的算法参数条件下一共执行 10 次实验，将 10 次实验的结果取平均值，并以此为依据去评估算法能力。实验所使用的软件平台是 MATLAB 仿真平台，通过台式计算机运行算法，算法参数选择基于 cross-validation 方法获取。

通过实验结果我们可以发现，第一种算法和第二种算法的算法思路基本上是一致的，因此把这两个算法放在一起比较。为了进行对比，将这种算法与三种传统经典算法进行比较，这三种算法分别是核主成分分析算法（KPCA）、核判别分析的改进算法（KWMMDA）及核判别分析算法（KDA）。相应的实验结果如表 4-2-1 所示，相比 KDA 方法而言，两种经过改进的算法具有较高的识别准确率，通过这点可以看出，在具有相同实验参数的前提下，两种改进算法具有更好的图像特征提取能力，在算法能力方面优于 KDA 算法。进一步对比两种改进算法的能力我们能够看出，基于 MMC+FC 自适应核判别分析算法性能更好一些，这主要是因为在 FC+FC 算法中计算复杂度较高，因为这个算法在求解数据相关核函数的参数时使用了循环迭代方法，而循环次数对最优解的影响极大，进而影响了算法效率，而对于 MMC+FC 的算法而言，没有使用循环迭代算法的步骤，它是利用特征值方法进行求解。

表 4-2-1　基于 FC+FC 的自适应核判别分析和基于 MMC+FC 的自适应核判别分析算法性能比较

方法	数据库 ORL	数据库 YALE
FC+FC 方法	93.80％	91.67％
MMC+FC 方法	94.10％	92.67％
KDA 方法	92.50％	90.40％
KPCA 方法	81.80％	82.53％
KWMMDA 方法	79.80％	76.53％

在进行前两种算法后，继续对第三种算法性能进行评价。该算法的特点是以线性特征算法 DCV 为主进行扩展，在对算法性能评估时，比较的对象是 DCV 算法和 KDA 算法，实验结果如表 4-2-2 所示，改进算法获得了更好的算法能力，因此可以说明核方法对于提升图像特征提取能力是有效的。在实验中，人脸图像库的图像样本是具有非线性特征的，因为这些图像是在多种情况下获取的，如不同的光照条件、表情及姿态状态等情况，在这些因素的影响下，图像特征具有非线性的特性，因此实验结果验证了核学习在图像的非线性特征提取上是有效的，方法能力要好于 KDA 算法。

表 4-2-2　基于 KPCA+DCV 的两阶段 KDCV 算法性能评估

方法	数据库 ORL	数据库 YALE
KDCV 方法	93.50％	91.27％
DCV 方法	90.50％	88.40％
KDA 方法	92.50％	90.40％
KPCA 方法	81.80％	82.53％
KWMMDA 方法	79.80％	76.53％

在研究核判别分析算法的基础上，本实验从两个角度提出了三个改进算法。将核优化的思想应用于核判别分析算法中，提出两阶段方法，即核优化＋线性映射，分别利用两种准则进行核优化，提出了基于 MMC+FC 的自适应核判别分析算法和基于 FC+FC 的自适应核判别分析算法。此外，人们利用核方法扩

展了最近提出的线性判别分析改进 DCV 算法，并利用空间同构映射理论推导出 KPCA+DCV 的两阶段的 KDCV 算法。在 ORL 和 YALE 数据上验证了算法的性能，并分析和比较了改进算法与核判别分析算法的优缺点。

尽管前两种改进算法（MMC+FC、FC+FC）提升了核判别分析算法在特征提取上的性能，但算法的复杂度上升了，与核判别分析算法相比，本实验提出的改进算法首先要求最佳的核函数参数，从而增加了算法的复杂度，第三种改进算法从计算复杂度上，要比前两种改进算法的计算复杂度要低。因此，在实际应用中系统需要平衡算法的性能和计算效率问题。

4.2.2　无参数核判别分析

在特征提取与识别应用中较为常用的处理方式是降维处理。近年来，相关学者在人脸识别中利用无参数判别分析（NDA）提取特征，获得了较好的识别性能。但是，NDA 方法的不足之处在于它的非线性特征提取能力较弱，因为这是一种线性特征提取方法。因此，为了扩展 NDA 算法的应用范围，人们可以结合核函数得到一种非参数形式的核判别分析方法（NKDA）。为了了解这种方法，首先分析 NDA 算法的基本步骤。

如果

$$S_W = \sum_{i=1}^{c} \sum_{k=1}^{k_2} \sum_{l=1}^{n_i} \left(x_i^l - N\left(x_i^l,\ j,\ k \right) \right) \left(x_i^l - N\left(x_i^l,\ j,\ k \right) \right)^T \qquad (4\text{-}2\text{-}16)$$

$$S_B = \sum_{i=1}^{c} \sum_{\substack{j=1 \\ j\neq 1}}^{c} \sum_{k=1}^{k_2} \sum_{l=1}^{n_i} w\left(i,\ j,\ k,\ l \right) \left(x_i^l - N\left(x_i^l,\ j,\ k \right) \right) \left(x_i^l - N\left(x_i^l,\ j,\ k \right) \right)^T \qquad (4\text{-}2\text{-}17)$$

式中

$$w\left(i,\ j,\ k,\ l \right) = \frac{\min\left\{ d^\alpha\left(x_i^l,\ N\left(x_i^l,\ i,\ k \right) \right),\ d^\alpha\left(x_i^l,\ N\left(x_i^l,\ j,\ k \right) \right) \right\}}{d^\alpha\left(x_i^l,\ N\left(x_i^l,\ i,\ k \right) \right) + d^\alpha\left(x_i^l,\ N\left(x_i^l,\ j,\ k \right) \right)} \qquad (4\text{-}2\text{-}18)$$

这里符号 $d\left(v_1,\ v_2 \right)$ 表示向量 v_1 和向量 v_2 之间的长度，符号 α 表示参数值。算法流程如下。

① 算出第 j 类的样本与第 i 类的中序号为 1 的样本向量 x_i^l 之间的 k 阶邻邻向量 $N\left(x_i^l,\ j,\ k \right)$。

② 算出向量 v_1 和向量 v_2 之间的欧式距离关系 $d\left(v_1,\ v_2 \right)$，在此基础上，明

确权重数值 $w(i,\ j,\ k,\ l)=\dfrac{\min\left\{d^{\alpha}\left(x_i^l,\ N\left(x_i^l,\ i,\ k\right)\right),\ d^{\alpha}\left(x_i^l,\ N\left(x_i^l,\ j,\ k\right)\right)\right\}}{d^{\alpha}\left(x_i^l,\ N\left(x_i^l,\ i,\ k\right)\right)+d^{\alpha}\left(x_i^l,\ N\left(x_i^l,\ j,\ k\right)\right)}$。

③对类内矩阵 $S_W=\displaystyle\sum_{i=1}^{c}\sum_{j=1}^{c}\sum_{k=1}^{k_1}\sum_{l=1}^{n_i}\left(x_i^l-N\left(x_i^l,\ j,\ k\right)\right)\left(x_i^l-N\left(x_i^l,\ j,\ k\right)\right)^T$ 进行计算。

④对具有类间性质的散布矩阵

$$S_B=\sum_{\substack{i=1 \\ }}^{c}\sum_{\substack{j=1 \\ j\neq 1}}^{c}\sum_{k=1}^{k_2}\sum_{l=1}^{n_i}w(i,\ j,\ k,\ l)\left(x_i^l-N\left(x_i^l,\ j,\ k\right)\right)\left(x_i^l-N\left(x_i^l,\ j,\ k\right)\right)^T$$

进行计算。

⑤为了求出映射矩阵 W，对 $S_W^{-1}S_B$ 最大值所对应的特征向量进行计算。

对于 NDA 算法而言，它实际上是一类具有线性特征提取能力的算法，而在引入核方法后，对于这种具有非参数核判别分析能力的算法，其创新性思想就是将原始样本数据映射到高维空间，再进行特征提取，所使用的方法就是核方法。

设定

$$S_W^{\Phi}=\sum_{i=1}^{c}\sum_{j=1}^{c}\sum_{k=1}^{k_1}\sum_{l=1}^{n_i}\left(\Phi\left(x_i^l\right)-N\Phi\left(x_i^l\right)(j,\ k)\right)\left(\Phi\left(x_i^l\right)-N\Phi\left(x_i^l\right)(j,\ k)\right)^T \quad (4\text{-}2\text{-}19)$$

$$S_B^{\Phi}=\sum_{\substack{i=1 \\ }}^{c}\sum_{\substack{j=1 \\ j\neq 1}}^{c}\sum_{k=1}^{k_2}\sum_{l=1}^{n_i}w^{\Phi}(i,\ j,\ k,\ l)\left(\Phi\left(x_i^l\right)-N\Phi\left(x_i^l\right)(j,\ k)\right)\left(\Phi\left(x_i^l\right)-N\Phi\left(x_i^l\right)(j,\ k)\right)^T \quad (4\text{-}2\text{-}20)$$

这里符号 $w^{\Phi}(i,\ j,\ k,\ l)$ 的定义表示为

$$w^{\Phi}(i,\ j,\ k,\ l)=\frac{\min\left\{d^{\alpha}\left(\Phi\left(x_i^l\right),\ N\left(\Phi\left(x_i^l\right)j,\ k\right)\right),\ d^{\alpha}\left(\Phi\left(x_i^l\right),\ N\left(\Phi\left(x_i^l\right)j,\ k\right)\right)\right\}}{d^{\alpha}\left(\Phi\left(x_i^l\right),\ N\left(\Phi\left(x_i^l\right)j,\ k\right)\right)+d^{\alpha}\left(\Phi\left(x_i^l\right),\ N\left(\Phi\left(x_i^l\right)j,\ k\right)\right)} \quad (4\text{-}2\text{-}21)$$

在式中变量 $d\left(\Phi\left(v_1\right),\ \Phi\left(v_2\right)\right)$ 体现的是核空间内向量 v_1 和向量 v_2 之间的长度，参数 α 用于控制距离权值，该参数的取值范围要求尽量小。为了更为清晰的阐述 NKDA，上式变换为

$$S_B^{\Phi}=\sum_{i=1}^{c}\sum_{j=1}^{c}\sum_{k=1}^{k_1}\sum_{l=1}^{n_i}\left(\Phi\left(x_i^l\right)-\Phi\left(y_i^k\right)\right)\left(\Phi\left(x_i^l\right)-\Phi\left(y_i^k\right)\right)^T \quad (4\text{-}2\text{-}22)$$

$$S_B^{\Phi}=\sum_{\substack{i=1 \\ }}^{c}\sum_{\substack{j=1 \\ j\neq 1}}^{c}\sum_{k=1}^{k_2}\sum_{l=1}^{n_i}w^{\Phi}(i,\ j,\ k,\ l)\left(\Phi\left(x_i^l\right)-N\Phi\left(y_i^k\right)\right)\left(\Phi\left(x_i^l\right)-\Phi\left(y_i^k\right)\right)^T \quad (4\text{-}2\text{-}23)$$

$$w^{\Phi}(i,\ j,\ k,\ l)=\dfrac{\min\left\{d^{\alpha}\left(\Phi\left(x_i^l\right),\ \Phi\left(y_i^k\right)\right),\ d^{\alpha}\left(\Phi\left(x_i^l\right),\ \Phi\left(y_i^k\right)\right)\right\}}{d^{\alpha}\left(\Phi\left(x_i^l\right),\ \Phi\left(y_i^k\right)\right)+d^{\alpha}\left(\Phi\left(x_i^l\right),\ \Phi\left(y_i^k\right)\right)} \tag{4-2-24}$$

在式中 $\Phi\left(y_i^k\right)=N\left(\Phi\left(x_i^l\right),\ j,\ k\right)$，$\Phi\left(y_j^k\right)=N\left(\Phi\left(x_i^l\right),\ j,\ k\right)$。可得

$$d^{\alpha}\left(\Phi\left(x_i^l\right),\ \Phi\left(y_i^k\right)\right)=\left\|\Phi\left(x_i^l\right)-\Phi\left(y_i^k\right)\right\|^{\alpha}$$

$$=\left(k\left(x_i^l,\ x_i^l\right)-2k\left(x_i^l,\ y_i^k\right)+k\left(y_i^k,\ y_i^k\right)\right)^{\frac{\alpha}{2}}$$

依据费希尔准则，定义如下数学表达式

$$J(V)=\dfrac{V^T S_B^{\Phi} V}{V^T S_W^{\Phi} V} \tag{4-2-25}$$

在式中，符号 V 表示一种判别向量，S_B^{Φ} 体现类间矩阵，S_W^{Φ} 体现类内矩阵。有 Mercer 核函数的理论分析可知，对于任意 V，下面的等式是成立的

$$V=\sum_{p=1}^{M}c_p\Phi\left(x_p\right)=\psi\alpha \tag{4-2-26}$$

式中 $\psi=\left[\Phi(x_1),\ \Phi(x_2),\ \cdots,\ \Phi(x_M)\right]$，$\alpha=\left[c_1,\ c_2,\ \cdots,\ c_M\right]^T$。

$$J(\alpha)=\dfrac{\alpha^T B\alpha}{\alpha^T W\alpha} \tag{4-2-27}$$

式中 $B=\displaystyle\sum_{i=1}^{c}\sum_{\substack{j=1\\j\neq1}}^{c}\sum_{k=1}^{k_2}\sum_{l=1}^{n_i}w^{\Phi}(i,\ j,\ k,\ l)B(i,\ j,\ k,\ l)$ 和 $W=\displaystyle\sum_{i=1}^{c}\sum_{k=1}^{k_1}\sum_{l=1}^{n_i}W(i,\ k,\ l)$。

因此

$$J(\alpha)=\dfrac{\alpha^T\psi^T\displaystyle\sum_{i=1}^{c}\sum_{\substack{j=1\\j\neq1}}^{c}\sum_{k=1}^{k_2}\sum_{l=1}^{n_i}w^{\Phi}(i,\ j,\ k,\ l)\left(\Phi\left(x_i^l\right)-\Phi\left(y_j^k\right)\right)\left(\Phi\left(x_i^l\right)-\Phi\left(y_j^k\right)\right)^T\psi\alpha}{\alpha^T\psi^T\displaystyle\sum_{i=1}^{c}\sum_{k=1}^{k_1}\sum_{l=1}^{n_i}\left(\Phi\left(x_i^l\right)-\Phi\left(y_i^k\right)\right)\left(\Phi\left(x_i^l\right)^T-\Phi\left(y_i^k\right)^T\right)\psi\alpha}$$

$$=\dfrac{\alpha^T\displaystyle\sum_{i=1}^{c}\sum_{\substack{j=1\\j\neq1}}^{c}\sum_{k=1}^{k_2}\sum_{l=1}^{n_i}w^{\Phi}(i,\ j,\ k,\ l)\left(\psi^T\Phi\left(x_i^l\right)-\psi^T\Phi\left(y_j^k\right)\right)\left(\Phi\left(x_i^l\right)^T\psi-\Phi\left(y_j^k\right)^T\psi\right)\alpha}{\alpha^T\displaystyle\sum_{i=1}^{c}\sum_{k=1}^{k_1}\sum_{l=1}^{n_i}\left(\psi^T\Phi\left(x_i^l\right)-\psi^T\Phi\left(y_i^k\right)\right)\left(\Phi\left(x_i^l\right)^T\psi-\Phi\left(y_i^k\right)^T\psi\right)\alpha}$$

$$=\dfrac{\alpha^T\displaystyle\sum_{i=1}^{c}\sum_{\substack{j=1\\j\neq1}}^{c}\sum_{k=1}^{k_2}\sum_{l=1}^{n_i}w^{\Phi}(i,\ j,\ k,\ l)B(i,\ j,\ k,\ l)\alpha}{\alpha^T\displaystyle\sum_{i=1}^{c}\sum_{k=1}^{k_1}\sum_{l=1}^{n_i}W(i,\ k,\ l)\alpha}$$

$$= \frac{\alpha^T B \alpha}{\alpha^T W \alpha} \tag{4-2-28}$$

在上式里

$$B = \sum_{i=1}^{c} \sum_{\substack{j=1 \\ j \neq 1}}^{c} \sum_{k=1}^{k_2} \sum_{l=1}^{n_i} w^{\Phi}(i, j, k, l) B(i, j, k, l), \quad W = \sum_{i=1}^{c} \sum_{k=1}^{k_1} \sum_{l=1}^{n_i} W(i, k, l)$$

式中 $B(i, j, k, l) = K_1(i, j, k, l)^T K_1(i, j, k, l)$,

$$W(i, k, l) = K_2(i, j, k, l)^T K_2(i, j, k, l),$$

$$K_1(i, j, k, l) = \left[k(x_1, x_i^l), \cdots, k(x_M, x_i^l) \right] \left[k(x_1, y_j^k), \cdots, k(x_M, y_j^k) \right],$$

$$K_2(i, k, l) = \left[k(x_1, x_i^l), \cdots, k(x_M, x_i^l) \right] \left[k(x_1, y_i^k), \cdots, k(x_M, y_i^k) \right].$$

矩阵 $W^{-1}B$ 的特征向量一同构建映射矩阵，表示为 $V = [\alpha_1, \alpha_2, \cdots, \alpha_d]$。在方法上：第一步初始化特征矩阵 Φ 和矩阵 W 所对应的特征矩阵 Θ；第二步将类别的中心进行映射，映射位置是 $\Phi\Theta^{-\frac{1}{2}}$；第三步转换成数学表达式 $B_K = \Theta^{-\frac{1}{2}} \Phi^T B \Phi \Theta^{-\frac{1}{2}}$；第四步，求出矩阵 B_K 的所对应的特征值矩阵 Λ，然后对应构建出特征矩阵 Ψ，因此获得表达式为 $V = \Phi\Theta^{-\frac{1}{2}}\Psi$ 的映射矩阵。

在数据库 ORL、数据库 Yale、数据库 UMIST 上对算法的能力进行验证。为了对比两种算法，使用三组参数，分别是 $k_1=2$、$k_2=2$、$k_2=3$，$k_1=3$、$k_2=3$。

1. 数据库 ORL 上的算法能力评估

在数据库 ORL 上对算法 NDA 和算法 NKDA 进行测试。在测试中，使用一致的实验参数，实验结果显示，在维度一样的条件下，NKDA 算法强于 NDA 算法。在维度变化的实验中，将特征维数从 10 维变化到 40 维，两种算法的能力如图 4-2-2、图 4-2-3、图 4-2-4 所示。由此我们能够发现，在实验参数和实验条件一致的情况下，算法 NKDA 在识别能力上比算法 NDA 好，这说明基于核的方法对于提升 NDA 算法能力是有效的。除此之外，当特征维度仅为 10 位的时候，算法 NKDA 在识别率指标方面比算法 NDA 提升了 10%，因此对于提取人脸图像特征问题，核方法能够解决一部分非线性问题。

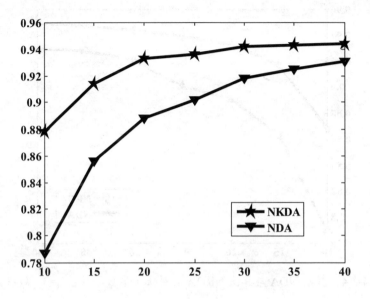

图 4-2-2　算法 NDA 与算法 NKDA 算法的对比（参数条件：k_1=2，k_2=2）

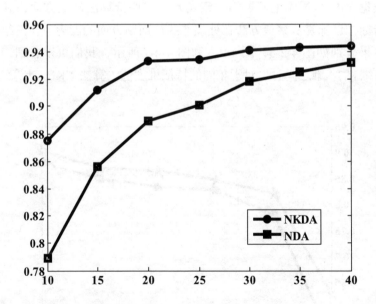

图 4-2-3　算法 NDA 与算法 NKDA 的对比（参数条件：k_1=2，k_2=3）

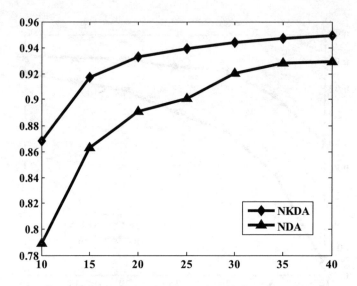

图 4-2-4 算法 NDA 与算法 NKDA 的对比（参数条件：k_1=3，k_2=3）

2. 数据库 Yale 上的算法能力评估

在数据 Yale 数据库上开展第二组实验，在评价算法性能方面，利用识别准确率指标，目标是考察核方法在处理非线性问题方面的能力。在三组参数下的实验结果分别如图 4-2-5，图 4-2-6 和图 4-2-7 所示，我们可以看到，当特征维度在 4 维和 14 维之间时，对于相同的特征维度值，算法 NKDA 比算法 NDA 性能更优。

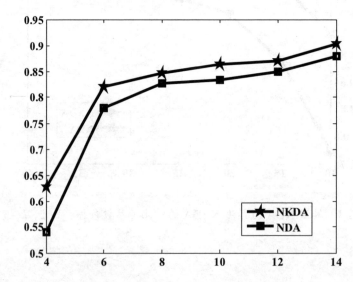

图 4-2-5 算法 NDA 与算法 NKDA 的对比（参数条件：k_1=2，k_2=2）

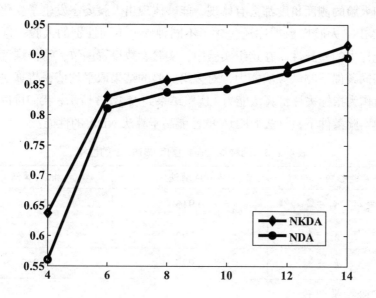

图 4-2-6　算法 NDA 与算法 NKDA 的对比（参数条件：$k_1=2$，$k_2=3$）

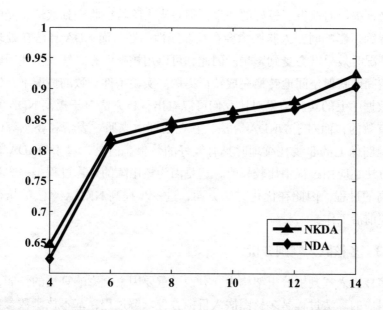

图 4-2-7　算法 NDA 与算法 NKDA 的对比（参数条件：$k_1=3$，$k_2=3$）

3. 数据库 UMIST 上的算法能力评估

在人脸数据库 UMIST 上进行第三组实验，这个数据库的样本是收集了 20 个人的 564 张人脸图像，样本中体现的是人脸姿态变化，在样本中，人脸的正面角度和人脸的侧面角度都会有体现，能够体现出人脸姿态发生了变化。除此之外，UMIST 人脸库数据库还包含了不同种族、不同性别的人脸，这些因素也能体现样本的差异性。在这组实验中，实验参数设置一致，特征维度保持一致，在相同条件下测试算法能力，对多组实验的结果取平均值，将算法识别率的评价值作为指标去评价算法能力。实验结果如表 4-2-3 所示，我们可以看到，在一样的实验条件下，算法 NKDA 的性能高于算法 NDA 的性能。

表 4-2-3　两种算法在数据库 UMIST 上的性能

实验参数	NDA 算法	NKDA 算法
$k_1 = 2$ ， $k_2 = 2$	0.915	0.925
$k_1 = 2$ ， $k_2 = 3$	0.895	0.912
$k_1 = 3$ ， $k_2 = 3$	0.925	0.943

4. 实验结果讨论

无参数判别分析（NDA）方法是一种具有线性特征提取能力的算法，在进行人脸特征提取时获得了较好的效果，但是当人脸特征收受到表情、光照及姿态等外界因素影响时，人脸图像会存在非线性问题，而 NDA 算法在处理这种非线性情况时效果就会受到影响。因此，可以用核映射方式解决上述问题，通过原始空间到映射空间地转换完成特征提取。实验条件一致的情况下，通过三个人脸数据库上的实验结果对比我们可以看出，核方法对于提高 NDA 算法的能力是有效的，而对于 NKDA 算法，它在处理由光照、表情和姿态等因素引起的人脸图像上的非线性纹理时具有较好的效果。但是，对于 NKDA 算法而言，核方法在应用过程中比较耗时，这是因为核矩阵的计算过程是一个计算复杂度较高的过程，因此在优化方法方面，进一步提高 NKDA 算法的执行效率也是一项前沿工作。

4.2.3　多核嵌入判别分析

在多核嵌入式判别分析架构中，有四个重要因素会影响算法的性能，这四个因素对应的算法过程是多核图嵌入目标方程求解过程，基本核函数参数选择过程，映射特征向量维数过程和多核函数组合选择过程，为了提升算法性能，人们需要对这四个过程进行深入分析。

多核图嵌入目标方程在推广 P 维形式的过程中，使用了两阶段方法对方程进行解析。两阶段法将面向拉格朗日乘子的系数矩阵 $A = [\alpha_1, \cdots, \alpha_P]$ 求解及核权

重向量 β 的求解。在系数矩阵和权值向量求解过程中，需要先明确一个需要求解的参数，如 A，在此基础上，将求解转换为一个最优变量 β 的求解方式，然后以已经获得的 β 为基础，对求解 A 的过程进行微调，基于这种规律循环执行，当方程达到收敛时停止。

1. 具有拉格朗日乘子系数的矩阵 A 优化

第一步，利用探索法初始化参数 β 值，然后固化该参数值，对于选择的参数值 $\beta = \{1\}_{m=1}^{M}$，是一种平均权重的方式。因为列向量 u 具有 $\|u\|^2 = trace(uu')$ 的性质，所以，能够对求解 A 的过程进行转换，数学表达式如下。

$$\min trace(A^T S_W^{\beta} A)$$
$$\text{subject to } trace(A^T S_{W'}^{\beta} A) = 1 \quad （4\text{-}2\text{-}29）$$

其中

$$S_W^{\beta} = \sum_{i,\,j=1}^{N} w_{ij}(K^{(i)} - K^{(j)})\beta\beta^T(K^{(i)} - K^{(j)})^T \quad （4\text{-}2\text{-}30）$$

$$S_{W'}^{\beta} = \sum_{i,\,j=1}^{N} w_{ij}'(K^{(i)} - K^{(j)})\beta\beta^T(K^{(i)} - K^{(j)})^T \quad （4\text{-}2\text{-}31）$$

该问题本质上是求解最小值 $\min \dfrac{trace(A^T S_W^{\beta} A)}{trace(A^T S_{W'}^{\beta} A)}$ 或 $\min[trace(A^T S_{W'}^{\beta} A)^{-1}(A^T S_W^{\beta} A)]$。

所以，对于式（4-2-29）中提到的最优问题，可以通过下面的数学表达式进行解决

$$S_W^{\beta} \alpha = \lambda S_{W'}^{\beta} \alpha \quad （4\text{-}2\text{-}32）$$

在该表达式中，找到最小的 P 个特征值所对应的特征向量，一起构建矩阵 $A^* = [\alpha_1 \cdots \alpha_P]$。

2. 优化参数 β

第一步，利用探索法初始化 A 值，并将该值固化，同时保证初始化的值满足等式 $AA^T = I$。由于数学表达式 $\|u\|^2 = u^T u$ 成立，因此能够将参数 β 的优化解析问题转换为如下的数学表达式。

$$\min \beta^T S_W^{A} \beta$$
$$\text{subject to } \beta^T S_{W'}^{A} \beta = 1, \quad \beta \geqslant 0 \quad （4\text{-}2\text{-}33）$$

其中

$$S_W^A = \sum_{i,\,j=1}^{N} w_{ij}(K^{(i)} - K^{(j)})AA^T(K^{(i)} - K^{(j)})^T \qquad （4-2-34）$$

$$S_{W'}^A = \sum_{i,\,j=1}^{N} w'_{ij}(K^{(i)} - K^{(j)})AA^T(K^{(i)} - K^{(j)})^T \qquad （4-2-35）$$

为了保障约束条件 $\beta \geq 0$ 是成立的，需要让用于构建多核函数的基本核函数的权重参数值不是负数，因此上面的优化问题能够进行转换，变成一种具有二次约束特征的二次函数规划问题，为了加强该问题的凸松弛能力，需要利用 $M \times M$ 的辅助矩阵 B 对其改进，相关表达如下。

$$\min\ trace(S_W^A B) \qquad （4-2-36）$$

$$\text{subject to } trace(S_{W'}^A B) = 1 \qquad （4-2-37）$$

$$e_m^T \beta \geq 0,\ m = 1,\ 2,\ \cdots,\ M \qquad （4-2-38）$$

$$\begin{bmatrix} 1 & \beta^T \\ \beta & B \end{bmatrix} \succ 0 \qquad （4-2-39）$$

在式中，矩阵 $M \times M$ 的单位向量是由形式为 $\{e_m\}_{m=1}^{M}$ 的列向量组成，并且，在上述约束中，表达式（4-2-39）体现的是一种正半定逻辑。因此，在式（4-2-33）中的非凸二次约束以及二次规划问题能够转换成 SDP 松弛后的优化问题，能够利用半定规划开展解析。因此 $B = \beta\beta^T$ 是具有非凸性质的，所以，把 $B = \beta\beta^T$ 松弛成 $B \succeq \beta\beta^T$ 的形式是具有相同效果的。

3. 具有多核图嵌入性质的目标方程求解过程

在具有多核图嵌入性质的目标方程解析环节中，首先可以通过优化参数 A 和参数 β 的数值，选择两个计算方式不同的迭代算法。这里以优化参数 β 的迭代算法流程为例进行接收，优化参数 A 的步骤与该步骤近似。其求解算法那见表 4-2-4。

表 4-2-4　具有多核图嵌入性质的目标方程求解算法

多核图嵌入目标方程求解算法
输入参数：
1）对于相似性矩阵 W 和 W'，明确在图嵌入特征提取方法中应用的维度约减方法；
2）依据应用基本核函数形式，获取基本核矩阵 $\{K_m\}_{m=1}^{M}$ 参数
输出参数：
1）观测样本的系数向量形式 $A = [\alpha_1 \cdots \alpha_P]$；
2）核函数的权重参数 β

利用探索方法初始化向量 $AA^T = I$ 的初值
for $t \leftarrow 1, 2, \cdots, T$ **do**
使用初始值 A 实现 S_W^A 和 $S_{W'}^A$ 的求解;
获取优化的参数 β,求解方式是半定规划优化方式;
基于步骤 2)中的参数 β 实现 S_W^β 和 $S_{W'}^\beta$ 的计算;
获得优化的 A,方式是通过式(4-2-32)的特征值进行获取;
返回系数向量 A 和权重 β

在传统意义的核学习方法中采用的方法通常是核函数选择方式。在解决这个问题时,传统的方式是基于先验知识预先设置,还有一种方式是交叉验证方式,在多方比较后,以多种不同的核函数的学习效果为依据,常用的三种交叉验证方法主要包括 Double 方法,2-Fold 方法(也称两折法)和 Leave-One-OutCrossValidation 方法。在这三种方法中,第一种方法的缺点是缺少相关的理论支撑,第三种方法是存在较高的计算复杂度。

但是,对于多核学习方式而言,因为多核函数的特点是能够将多个核函数进行组合,因此在某种程度上削弱了核函数选择的影响。同时,利用这种多个核函数组合的形式,能够提升不同核函数针对相同的观测样本的具有区分度的关键特征提取能力。同时,通过对实现算法的优化设计,能够保证在提升有利权重保证学习效果的同时,还能够减小无利权重对学习效果的影响,进而在综合评估中获得比较好的学习能力。因此,一种众多学者都认可的方案是组合结合尽可能多的核函数,构建一种核函数形式字典或者核矩阵库字典,利用增强学习方式,增加核的数量,在不断丰富多核函数模型中的基本核函数数量和种类类型过程中,获得最佳的算法效果。在这种思路的引导下,在考虑求解式(4-2-36)中的变量 β 过程中,维度因素会影响约束方程的维度规模问题,进而影响算法计算复杂度,这里构建小规模核函数库,规模数量为 11 种基本核函数。除此之外,利用在离线过程确定最优核函数不同组合方式的方式,降低一部分对学习效果影响较差的核函数权重计算,进而减少算法实现过程中的误诊断,以达到最好的多核学习性能。

在实际应用中,选取哪种或者哪几种核函数,是需要依据实际需求设定的。例如,在解决物体轮廓检测或目标识别问题时,通常需要面向 HOG 特征和 SIFT 特征去针对性地选择核函数。但是对于本章而言,主要的目标是介绍基于多核映射这种方式的特征提取算法的综合能力,所以这里不采用面向明确应用背景的核函数。因此,对于本章的小规模核函数库,我们在 Polynomial 核函数，Sigmoid 核函数和 RBF 核函数的基础上，又补充了 8 个核函数，一同构成了小规模核函数库。具体见表 4-2-5。

表 4-2-5　小规模核函数库

序号	核函数种类	核函数数学表达式	说明
1	Polynomial 核函数	$k(x, x') = (\alpha x^{\mathrm{T}} x' + c)^d$	在训练样本数据归一化后应用；可以忽略常数 c
2	Gaussian 核函数	$k(x, x') = \exp(-\dfrac{\|x - x'\|^2}{2\delta^2})$	参数 δ 对于核函数影响比较大，当参数选择较小时，趋向于线性核特征；当参数选择较大时，那么样本噪声会比较决策边界的设定，是一种 RBF 核
3	Exponential 核函数	$k(x, x') = \exp(-\dfrac{\|x - x'\|}{2\delta^2})$	是一种 RBF 核。参数 δ 的选取对函数的影响与 Gaussian 核类似
4	Laplacian 核函数	$k(x, x) = \exp(-\dfrac{\|x - x'\|}{\delta})$	是一种 RBF 核。参数 δ 对函数影响不大，不敏感
5	Sigmoid 核函数	$k(x, x') = \tanh(\alpha x^{\mathrm{T}} x' + c)$, $\tanh x = (e^x - e^{-x})/(e^x + e^{-x})$	是一种条件正定核，参数 α 的选取可以是数据维度的倒数形式
6	Rational Quadratic 核函数	$k(x, x') = 1 - \|x - x'\|^2 / (\|x - x'\|^2 + c)$	是一种条件正定核，缺点是计算复杂度高，必须要是可以用 Gaussian 核替换
7	Multiquadric 核函数	$k(x, x') = \sqrt{\|x - x'\|^2 + c^2}$	是一种条件正定核，作用与 RationalQuadratic Kernel 相同
8	Inverse Multiquadric 核函数	$k(x, x') = 1 / \sqrt{\|x - x'\|^2 + c^2}$	这个函数的特点是能够形成无限维特征空间
9	Wave 核函数	$k(x, x') = \dfrac{\theta}{\|x - x'\|} \sin \dfrac{\|x - x'\|}{\theta}$	是一种对称半正定核
10	Cauchy 核函数	$k(x, x') = 1 / 1 + \dfrac{\|x - x'\|^2}{\sigma}$	该函数在高维空间内对噪声敏感
11	Generalized T-Student 核函数	$k(x, x') = 1 / 1 + \|x - x'\|^d$	是一种 Mercer 核，性质满足对称半正定核性质。

4.2.3　核函数选择与相关实验

虽然选取核函数参数的优劣会直接影响核学习算法的性能，但是当前相关学者在基于核学习的研究中，还未提出一种理论去说明如何选取最优的核函数参数。因此，为了选取合适的核函数参数，人们常常利用以下三种方式。第一种方式是基于实验修正的方法；第二种是基于数据相关的方法；第三种是基于智能优化的方式。第一种方式的代表性方法是交叉验证方法，这种方法没有理论支撑，需要先进行大量的实验，以实验结果为基础，以某些样本数的测试准确率为依据调整参数；第二种方式的代表性方法是数据相关核方法，流程是在求解优化目标方程的过程中，在约束条件下引入数据相关的理念；第三种方式的代表性方法是遗传算法，GA 算法和 PSO 等算法，这些算法的优势是全局优化能力较强。本章为了更为简单的求解目标方程，减少多核图嵌入目标方程的计算复杂度，考虑使用采取第三种方式进行实验和参数选取。

本章构建的小规模核函数库里有 11 种类型的核函数，在每种核函数类型中，都说明了相关参数对核函数使用过程中的影响。

1. 对于 Polynomial 核函数，GeneralizedT−Student 核函数

因为多项式或范数的幂级数是应用 Polynomial 核函 $\left(k(x,\ x') = (\alpha x^{\mathrm{T}} x' + c)^d \right)$，GeneralizedT-Student 核函数 $\left(k(x,\ x') = 1/1 + \|x - x'\|^d \right)$ 过程中关键影响因素。因此，在应用多项式核函数过程中，通常把幂级数参数 d 限定到 3 ～ 10 区间里，在核学习过程里，经常采用的范数类型是 p- 范数类型，参数 p 的选值通常是 1、2 或无穷大，相应的数学表达式形式 1- 范数是 $\left(\|x\|_1 = |x_1| + |x_2| + ... + |x_n| \right)$，2- 范数是 $\left(\|x\|_2 = \sqrt{|x_1|^2 + |x_2|^2 + ... + |x_n|^2} \right)$，无穷范数是 $\left(\|x\|_\infty = \max(|x_1|, |x_2|, ..., |x_n|) \right)$。由此我们能够看出，这两种类型的核函数参数的备选区较小，采用遍历方式选择参数较为合适，对于 Polynomial 核函数，参数 d 的遍历区间为 3 ～ 10，对于 GeneralizedT-Student 核函数，参数 d 的遍历区间为 1 和 2。

2. 其余核函数

其余核函数包括 Gaussian 核函数，Exponential 核函数，Laplacian 核函数，Wave 核函数，Cauchy 核函数，RationalQuadratic 核函数，Multi-quadric 核函数，InverseMultiquadric 核函数，Sigmoid 核函数。

前三种核函数的类型都属于 RBF 核函数类型，参数 δ 会对核函数的性能产生影响，不同之处在于不同的核函数对这个参数的敏感程度不同；对 Wave 核函数和 Cauchy 核函数而言，参数 δ 或参数 θ 对算法的影响类似于在 RBF 核函数里参数 δ 影响样本数据间欧式距离的情况；RationalQuadratic 核函数，InverseMultiquadric 核函数和 Multiquadric 核函数，这 3 个类型的核函数里的关键参数是常数参数 c，所以参数选取的方法基本相同；而对于最后一种核函数类型 Sigmoid 核函数（ $k(x,\ x') = \tanh(\alpha x^{\mathrm{T}} x' + c)$ ），它的数学表达式比较特殊，对其进行调整的过程是通过参数 α 的挑选过程实现的。本实验选用遗传算法进行参数的优化选取，第一步先初始化参数 δ 的初始值，设定的依据是样本数据点的欧氏距离关系，第二步进行种群调整，演化子代数量调整和子代个体筛选，在保证速度的前提下，获得更优质的参数效果。

为了进一步说明在多核函数应用领域中 4 个参数的优化问题，这里开展相关实验比较参数优化对多核学习效果的影响。在实验中，实验数据选择剑桥大学的数据库 ORL，它是一个人脸数据库，数据库里包括 400 幅灰度图像，这些数据取自 40 名志愿者，每名志愿者提供光照角度不同、标签特征不同、姿态不同的 10 幅灰度图像。为了验证原始数据在多核学习处理后的特征提取效果，使用最近邻分类法作为分类器。

3. 映射特征向量过程中维数参数选择对算法性能的影响

首先对这项实验的实验步骤和实验内容进行说明，描述如何针对映射特征向量的关系选择相应的维数。在实验中使用多核映射的线性判别分析方法（MKL-LDA）进行分析，在此基础上，依据图嵌入核函数在线性判别分析过程的核扩展数学表达式，能够得到具有相似性的矩阵

$$w_{ij} = \begin{cases} 1/n_{y_i}, & \text{仅当} y_i \text{和} y_j \text{同类别} \\ 0 \end{cases} \qquad w'_{ij} = 1/N$$ 。为了说明映射特征向量维数 p 对算法

识别率的影响，需要考虑一个最优的 p 参数选取方案，在选取过程中需要考虑系数矩阵 A 中的拉格朗日算子 α 的数量，这里通过实验进行相关说明。在实验中，首先需要从数据库中取出两组不相同的实验样本用于实验，实验参数设定如表 4-2-6 所示。在实验中，把小规模函数库里的 11 个核函数都进行实验，每一种核函数类型都需要完成 1 维到 10 维的映射向量变化过程。在实验里，对于不同的样本的 p 值，应用于每个种类核函数时的识别结果分别如表 4-2-7 和表 4-2-8 所示，而图 4-2-8 和图 4-2-9 展现的是 p 值增加时，每个核函数类型的算法能力。

表 4-2-6 数据库 ORL 上的人脸数据信息

组别	人脸种类	样本数量	训练样本数数量	测试样本数量	测试样本数数量/每类
第 1 组	30 类	180 个	6 个	120 个	4 个
第 2 组	30 类	150 个	5 个	150 个	5 个

表 4-2-7 第一组样本核函数随维度 P 值的识别错误率变化实验结果

核函数 ＼ P	1 维	2 维	3 维	4 维	5 维	6 维	7 维	8 维	9 维	10 维
Polynomial 核函数	100%	91.7%	83.3%	73.3%	58.3%	53.3%	35.8%	29.2%	22.5%	21.7%
Gaussian 核函数	97.5%	85.8%	75.0%	50.0%	31.7%	21.7%	19.2%	16.7%	10.8%	9.2%
Exponential 核函数	97.5%	93.3%	74.2%	54.2%	48.3%	38.3%	30.0%	29.2%	30.0%	19.2%
Laplacian 核函数	87.5%	83.3%	68.3%	45.0%	35.8%	19.2%	20.0%	15.8%	6.7%	4.2%
Sigmoid 核函数	90.0%	82.5%	65.8%	54.2%	41.7%	34.2%	29.2%	27.5%	22.5%	20.8%
Rational Quadratic 核函数	81.7%	67.5%	55.8%	35.0%	23.3%	21.7%	19.2%	16.7%	13.3%	6.7%
Multiquadric 核函数	83.3%	70.0%	53.3%	39.2%	31.7%	29.2%	23.3%	13.3%	10.8%	5.0%
Inverse Multiquadric 核函数	75.8%	52.5%	42.5%	25.8%	24.2%	15.8%	12.5%	9.2%	6.7%	5.8%
Wave 核函数	92.5%	71.7%	56.7%	38.3%	31.7%	19.2%	18.3%	14.2%	11.7%	10.8%
Cauchy 核函数	77.5%	59.2%	40.0%	29.2%	16.7%	5.8%	5.0%	4.2%	6.7%	4.2%
Generalized TStudent 核函数	96.7%	96.7%	96.7%	96.7%	96.7%	96.7%	96.7%	96.7%	96.7%	96.7%

表 4-2-8　第二组样本核函数随维度 P 值的识别错误率变化实验结果

核函数 ＼ P	1 维	2 维	3 维	4 维	5 维	6 维	7 维	8 维	9 维	10 维
Polynomial 核函数	94.0%	84.7%	74.7%	74.7%	60.0%	42.7%	37.3%	31.3%	32.0%	30.0%
Gaussian 核函数	84.7%	71.3%	63.3%	55.3%	46.0%	40.0%	36.7%	32.7%	32.0%	30.0%
Exponential 核函数	96.0%	88.7%	61.3%	51.3%	40.0%	29.3%	27.3%	22.7%	22.0%	18.7%
Laplacian 核函数	96.0%	76.0%	68.7%	58.0%	46.7%	40.0%	38.0%	40.0%	30.0%	26.7%
Sigmoid 核函数	93.3%	80.7%	63.3%	44.0%	42.7%	38.0%	32.0%	30.7%	24.0%	20.0%
Rational Quadratic 核函数	94.7%	84.0%	75.3%	64.7%	56.0%	48.7%	42.7%	40.7%	34.7%	36.7%
Multiquadric 核函数	94.0%	82.0%	75.3%	65.3%	58.0%	45.3%	39.3%	28.0%	23.3%	17.3%
Inverse Multiquadric 核函数	84.7%	82.0%	74.7%	58.0%	49.3%	38.0%	31.3%	25.3%	26.7%	22.0%
Wave 核函数	98.7%	92.0%	87.3%	83.3%	75.3%	64.7%	62.7%	48.7%	46.0%	43.3%
Polynomial 核函数	84.0%	75.3%	61.3%	48.0%	30.7%	22.0%	22.0%	18.7%	13.3%	12.0%
Gaussian 核函数	96.7%	96.7%	96.7%	96.7%	96.7%	96.7%	96.7%	96.7%	96.7%	96.7%

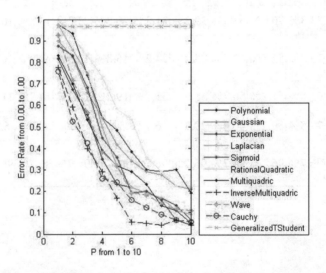

图 4-2-8　第一组样本核函数随维度 P 值的识别错误率变化的影响

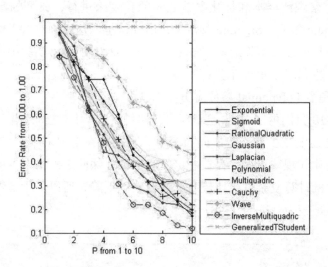

图 4-2-9　第二组样本核函数随维度 P 值的识别错误率变化的影响

通过表 4-2-7、表 4-2-8 和图 4-2-8、图 4-2-9 能够发现，在实验中，当维度值 P 增大时，很多基本核函数学习算法的错误率都会有不同程度地减少，当维数 P 在 8 维到 10 维区间变化时，在识别精度方面，核函数能够获得较为理想的效果，相对而言，Gaussian 核函数，Polynomial 核函数，RationalQuadratic 核函数的学习错误率相对较高。而基于 GeneralizedTStudent 核函数的分类错误率一直比较高，这主要是因为 GeneralizedTStudent 核函数的数学表达式为 $k(x,\ x') = 1/1 + \|x - x'\|^d$，我们能够发现，对于 GeneralizedTStudent 核函数，不管参数 d 选择值为 1 或者选择值为 2，除核矩阵对角线上的点之外，其他位置上的数值都是 0，因此在维度 P 值变化的过程中，GeneralizedTStudent 核函数的识别能力并没有提升，识别率始终较差。

从上面的实验结果分析来看，为了提升算法能力，人们需要将维数 P 选定在维度 8 到维度 10 这个范围内。除此之外，对应的原始数据在映射变换后，相应的特征向量维数在应该在 8 维到 10 维之间，这样才能够在较低向量维度的前提下，获得较好的分类性能。

4. 基本核函数不同参数值下的对比实验

在这组实验中，维度值 P 选择为 10 维，在这个维度下进行基本核函数在不同参数值条件下的对比实验。前文已经介绍，对于 11 种核函数而言，主要使用遍历法和遗传算法两种方式进行方法优化。遍历法中具有代表性的方法是求取 Polynomial 核函数参数，而对于遗传算法，代表性的方法是高斯方法，通过考察观测样本和优化参数之间的长度来进行，典型的参数形式有 RationalQuadratic 参数、Sigmoid 参数等，因此这里以这四种参数为例，展现对应的优化能力与过程，实验结果如图 4-2-10 至 4-2-11 所示，实验中所使用的遗传算法优化方法利用 matlab 工具箱实现。

（1）核函数 Polynomial 参数遍历优化过程

从图 4-2-10 我们可以看出，当多项式幂级数在 2 到 6 之间变化时，识别错误率呈现的是逐渐减少的态势，而当多项式幂级数在 7 到 10 之间变化时，识别错误率的变化无规律可循，存在一定的起伏性。除此之外，当多项式级数比较高时，算法的计算复杂度会比较高，执行效率下降，所以采用幂级数为 6 的多项式核函数是较为合适的。

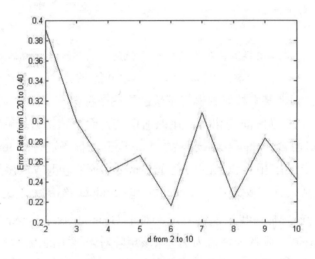

图 4-2-10 核函数 Polynomial 参数遍历优化过程效果图

（2）核函数 Gaussian 参数的遗传算法优化实验

遗产算法的初始参数设置为 10 个初始种群和 20 子代，当连续 15 个子代个体适应度不发生改变时，算法停止，同时将原始观测样本之间长度的距离参数 δ 的极小值设置为 3800。算法优化的过程是一个参数 δ 寻优的过程，寻优的依据是减少错误率指标，因此适应度条件选择使用这种核函数在处理人脸图像识别任务时的错误率。在实验中，采用线性尺度变换方式进行适应度函数的尺度改变，使用随机选择方式进行子代选取。由图 4-2-11 的实验结果我们能够发现，在种群逐渐演变的过程中，由 Gaussian 核函数支撑的人脸识别算法在错误率方面是逐渐收敛的，能够获得较好的性能，成立的优化参数 $\delta=3800$。

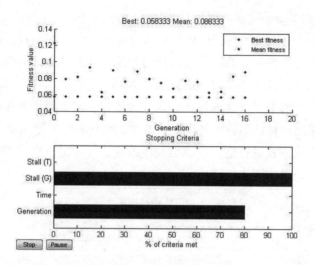

图 4-2-11　核函数 Gaussian 参数遗传算法优化过程效果图

（3）核函数 RationalQuadratic 参数遗传算法优化

　　遗产算法的初始参数设置为 10 个初始种群和 20 子代，当连续 15 个子代个体适应度不发生改变时，算法停止，同时将原始观测样本之间长度的距离参数 δ 的极小值设置为 46e06，种群进化的数值区间为 [44e06，47e06]。算法优化的过程是一个参数 δ 寻优的过程，寻优的依据是减少错误率指标，因此适应度条件选择使用这种核函数在处理人脸图像识别任务时的错误率。在实验中，人们采用线性尺度变换方式进行适应度函数的尺度改变，使用随机选择方式进行子代选取。其优化效果图如图 4-2-12 所示。

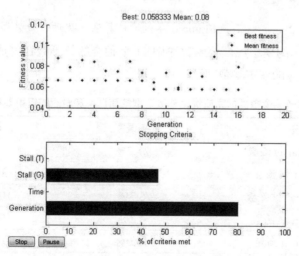

图 4-2-12　核函数 RationalQuadratic 参数遗传算法过程优化效果图

121

（4）核函数 Sigmoid 参数遗传算法优化

遗产算法的初始参数设置为 10 个初始种群和 20 子代，当连续 15 个子代个体适应度不发生改变时，算法停止，同时将原始观测样本之间长度的距离参数参数 δ 的极小值设置为 3e-11，种群进化的数值区间为 [3e-12，3e-10]。算法优化的过程是一个参数 δ 寻优的过程，寻优的依据是减少错误率指标，因此适应度条件选择使用这种核函数在处理人脸图像识别任务时的错误率。在实验中，采用线性尺度变换方式进行适应度函数尺度改变，使用随机选择方式进行子代选取。具体优化效果如图 4-2-13 所示。

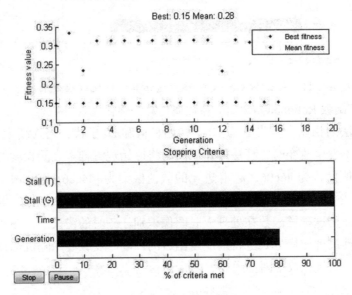

图 4-2-13　核函数 Sigmoid 参数遗传算法优化过程效果图

表 4-2-9 展示的是小规模核函数库中 11 个种类的核函数在完成优化参数选取的错误率和对应的权重参数。

表 4-2-9　个核函数完成优化参数选取的错误率和对应的权重参数

核	错误率	权重参数
Polynomial 核函数	21.7%	6
Gaussian 核函数	5.8%	3800
Exponential 核函数	6.7%	1000.2
Laplacian 核函数	4.2%	19 800
Sigmoid 核函数	15.0%	1.007 8e-10
RationalQuadratic 核函数	5.8%	4.612 7e7

续 表

核	错误率	权重参数
Multiquadric 核函数	5.0%	140 0
InverseMultiquadric 核函数	5.8%	13 000
Wave 核函数	10.8%	17 800
Cauchy 核函数	4.2%	11 4e6
GeneralizedTStudent 核函数	96.7%	1，2

5. 多核权重条件下的参数优化效果实验结果

这组实验主要考察多核权重参数条件下向量 β 的优化效果，考察的有基本核函数权重为 1 条件下的多核平均权重及采用多核权重条件的权重参数，将从两个方面进行对比，第一个是考察优化参数 A 的实验对比，第二个是考察优化参数 β 的实验对比。在实验中使用的训练样本信息、测试样本信息与表 4-2-7 中介绍的实验数据一致。表 4-2-10 说明了实验中核函数的简易符号。

表 4-2-10 基本核函数符号

核	代表符号
Polynomial 核函数	P
Gaussian 核函数	G
Exponential 核函数	E
Laplacian 核函数	L
Sigmoid 核函数	S
RationalQuadratic 核函数	R
Multiquadric 核函数	M
InverseMultiquadric 核函数	I
Wave 核函数	W
Cauchy 核函数	C
GeneralizedTStudent 核函数	GT

①首先，将维度值 P 选择为 10，在平均权重的作用下，考察 11 个种类的核函数，实验结果体现的识别错误率为 23.3%。

②其次，将维度值 P 选择为 10，在优化权重的作用下，考察 11 个种类的核函数，实验结果体现的识别错误率为 2.7%，对于每个基本核函数而言，对应的权重参数在表 4-2-11 说明。

表 4-2-11　优化 A 后的核函数权重参数示意表

P	G	E	L	S	R	M	I	W	C	GT
0.97%	19.7%	18.8%	17.3%	0.97%	0.98%	0.97%	0.89%	1.1%	1.01%	0.97%

③最后，将维度值 P 选择为 10，在优化权重的作用下，首先优化 β，在优化权重的作用下，考察 11 个种类的核函数，实验结果体现的识别错误率为 2.83%，对于每个基本核函数而言，对应的权重参数在表 4-2-12 中说明。

表 4-2-12　优化 β 后的核函数权重参数示意表

P	G	E	L	S	R	M	I	W	C	GT
2.88e-3	22%	32%	17.3%	3.88e-4	0.83%	2.81%	1.04%	6.7%	0.38%	1.46e-4

由表 4-2-11 和表 4-2-12 的实验结果我们可以发现，利用多核 LDA 特征提取方式进行人脸识别，多核权重参数在提升多核学习算法能力方面具有非常好的效果。不过，如果对于每个基本核函数都设置相同的权重参数时，多核学习算法的性能将不会有很大提高，即使在单个核函数参数在最优值条件下也无法达到整体的最优，这是因为对于多核矩阵而言，每个原始空间的观测样本，都有核函数间相互影响的情况发生，在没有自适应动态调整各个基本核函数的权重参数的条件下，就不能提升识别准确率。

在完成每个基本核函数的自适应参数权重配置后，算法识别率会有较大改善。除此之外，我们能够发现，参数优化的现有次序不会对提升准确率有较大影响，但是多次实验的结果表明，如果先优化参数 β，算法在稳定性方面会有一定的提升。此外，我们还可以发现，参数权重较高的核函数有 Multiquadric 核函数和 RBF 核函数，参数权重较小的核函数有 Sigmoid 核函数和 Polynomial 核函数，相对基于各个单核函数实现的人脸识别任务而言，核函数 RBF 和核函数 Multiquadric 等核函数的识别误差率是相同的。此外，通过这组实验结果人们也可以发现一个情况，那就是在使用最优权重参数的前提下，多核函数的最优解仍然低于效果最好的单个基本核函数的最优解，这意味着，在本章里设计的小规模核函数库中，11 个基本核函数中有一些核函数是不适用于人脸识别的，这说明，核函数的组合需要结合具体应用背景来设计，并不是多个核函数组合就一定能改善算法能力。

6. 不同的多核函数组合对算法的影响对比实验

通过上一组多核权重参数优化过程对算法性能的影响对比实验结果人们可以发现，尽管每个基本核函数在图像特征数据提取能力的贡献能够通过相应核函数的权重参数分配体现，但是最后的实际性能并不是单个核函数能力的线性叠加。如果不加区分的进行核函数组合，效果甚至比单个核函数还差。因此，人们需要对进行组合的基本核函数进行分析、筛查，选择最合理的组合方式。本组实验考察组合数从 2 种到 10 种的实验结果。

表 4-2-13　选用 2 种到 10 种的核函数组合方式对算法识别率的影响

核函数数量	核函数类型										错误率
2 种	C	P	—	—	—	—	—	—	—	—	9.17%
3 种	I	P	E	—	—	—	—	—	—	—	3.33%
4 种	P	G	C	I	—	—	—	—	—	—	4.17%
5 种	R	G	I	L	P	—	—	—	—	—	5.8%
6 种	G	R	S	I	W	C	—	—	—	—	6.7%
7 种	G	S	E	L	W	C	P	—	—	—	6.7%
8 种	G	R	E	L	P	W	M	C	—	—	5.8%
9 种	G	S	E	L	M	C	I	W	P	—	7.5%
10 种	E	S	R	G	L	P	I	M	I	W	8.3%

在各种组合中，核函数 RBF 出现的频率较多，说明核函数 RBF 在解决人类识别人物时效果较好。同时，从实验结果人们能够发现，通过对核函数组合的合理优化，可以改善数据库上的特征提取能力，这说明在面向实际应用问题时，组合多个核函数是有意义的。本组实验的后半部分选取表 4-1-14 的 8 个核函数进行验证。

表 4-2-14　选择 8 种核函数组合

8 种核函数组合							
R	E	L	G	P	W	M	C

第5章 深度学习方法

5.1 深度学习概述

深度学习源于杰弗里·辛顿（Geoffrey·Hinton）等人的人工神经网络研究，最早是在 2006 年提出的，与神经网络学习方法的研究初衷一样，该研究是希望通过模仿人脑的信息处理机制来对信息进行表征学习，进而解释外界信息。因此，深度学习实际上属于神经网络学习方法中的一种，只不过它是一种含有多个隐藏层的多层感知机学习结构。真正让深度学习成为一种核心技术则是在 2010 年以后，被称为"深度学习鼻祖""神经网络之父"的杰弗里·辛顿带领的研究团队加入谷歌后，将神经网络学习方法从理论研究带入应用研究，面向实际应用需求将"深度学习"方法转变成谷歌公司的核心技术。

从理论上来说，为了完成一个复杂的学习任务，相应的学习模型通常是较为复杂的，这种复杂的体现之一就是学习模型的参数很多，以神经网络模型为例，为了完成复杂的学习任务，一个简单的方式就是增加隐含层数量，因为相对增加神经元数目，增加隐含层具有更强大的学习能力。相应的，由于隐含层数量的增加，对应的神经元数量、权重参数、阈值参数也会呈几何级的数量增长。在这种情况下，模型的训练过程通常是效率低下的，会产生过拟合风险，其主要的原因一个是训练数据不足，另外一个原因是计算能力不足，因此在过去的很长一段时间内，深度学习的前身，也就是复杂的神经网络学习模型，或者说有很多隐含层的神经网络没有得到足够的发展。但是随着大数据时代和高性能计算机出现，以往深度学习模型训练过程中的瓶颈得以解决，再结合有效的网络训练技巧，进而获得了高效的学习模型，促进了深度学习的发展与应用。

和大多数机器学习方法一样，深度学习方法同样包含有监督学习方式、半监督学习方式、弱监督学习方式及无监督学习方式等。其中，有监督学习方式

典型的代表是卷积神经网络（CNNs），无监督学习方式典型的代表是深度置信网络（DBNs）。

目前深度学习已经在语音识别、图像识别、自然语言处理、搜索引擎等方面得到了全方面的研究与应用。在语音识别方面，通过深层神经网络构建的声音模型性能已经和传统的混合高斯模型相当；在图像识别方面，深度学习模型在 ImageNet 挑战赛上的识别率已经超过传统的图像识别模型；在自然语言处理方面，神经网络学习最为一种统计学习方法也开始了有益尝试；在搜索引擎方面，基于深度置信网络与迁移学习的搜索方式已经开始体现出一定的优势。

5.1.1　深度学习的历史发展

深度学习的辉煌时期是从 2006 年以后开始的，但是 2006 年之前，许多神经网络方面的研究工作给深度学习的发展奠定了理论基础，发展历史如图 5-1-1 所示。在 1943 年，美国学者沃尔特和沃伦首次提出人工神经网络概念，并通过数学模型对人工神经网络中的神经元进行了建模，进而引导相关学者对人工神经网络进行研究。具有深度网络结构的人工神经网络就是深度学习的最早网络模型，因此深度学习可以被认为是人工神经网络的一个重要分支。

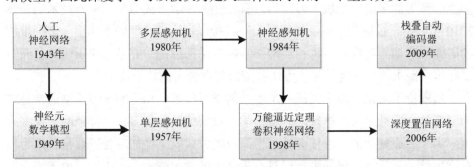

5-1-1 深度学习的历史发展

自人工神经网络出现后，大量的相关研究成果涌现出来。在 1949 年，著名学者唐纳德提出了神经元数学模型，给出了一种人工神经网络的学习方法。在 1957 年，人工智能领域的著名学者弗兰克提出了单层感知机模型，这是一种结构简单的神经网络模型，只有一个隐层，也就是说只有一层神经元，其可以通过最小二乘法训练感知机的网络权值参数。对于输入特征量，感知器可以得到二分类的素材，进而实现对输入特征量的分类。但是这种分类器比较简单，分类能力还存在一定限制，无法处理异或操作等线性不可分问题。在这种情况下，1980 年，深度学习鼻祖之一的辛顿教授在单隐层感知器结构的基础上，开始采用多隐层的深度结构替换感知器的单层结构，进而提出了多层感知机的概念，并通过反向传播方法来训练这种多层的学习网络，训练过程中，其通过计算误差来动态调整网络参数权值，在计算误差收敛后完成训练。但由于当时可供训练的样本数量有限，硬件计算能力有限，这种基于反向传播方式的训练方法效果并不理想，训练效率较低，网络权值参数常常存在局部收敛现象。因此，随后一些学者开始利用支持向量机、朴素贝叶斯等浅层机器学习方法进行训练，但是训练效果仍不理想，因此深度学习结构在这一段时间陷入低迷。

随后，1984 年日本学者提出了神经感知机学习模型，1998 年学者勒存提出了卷积神经网络学习模型，2006 年学者辛顿提出了深度置信网络，2009 年学者本西奥提出了栈叠自动编码器网络结构，再加上大数据及高性能计算技术不断发展，因此深度学习再次走向前台，得到了学术界和工业界的持续关注。

因此，我们可以看到，深度学习在 2006 年崛起之前经历了两次低估。第一次是 1943 年到 1957 年，由于单隐层的结构无法解决线性不可分问题导致相关研究停滞不前；第二次是 1984 年到 2006 年，由于训练样本数量及计算能力导致训练学习模型的过程异常艰难。但是随着大数据、云计算时代到来，深度学习开始了快速发展期（2006 年～ 2012 年）及极速发展期（2012 年至今）。

5.1.2　深度学习的相关基础

1. 神经元

神经元是神经网络的基本结构，机器学习算法中的神经元作用类似人脑中的神经元，负责接收新信息、处理信息、输出信息。输出的信息依据网络结构被送到下一个神经元进行下一步处理或者直接作为结果。在深度学习网络中，神经元可以被看作一个数学模型，由输入值、计算方法和输出值组成，如图 5-1-2 所示，就可以看作是一个典型的神经元。

5-1-2 神经元数学模型

在上述神经元数学模型中，包含 2 个输入，1 个输出及一个取和的计算操作功能。当然，这种神经元数学模型并不是唯一的，而是多样态的。该模型可以由深度学习网络的设计者自行定义，可以灵活定义输入信息的数量及类型，如 3 个输入信息、整型输入信息、浮点型输入信息等，还可以定义计算操作的类型，如两个计算操作的组合等。此外，上述数学模型中的权值实际上就是代表深度学习网络中的连接关系，训练过程也是权值动态调整的过程，权值影响着输入信息在计算操作中的比例系数。

通过一系列神经元地连接就可以组成一个神经网络，如果这些神经元不在同一个隐层，而是在多个隐层，前一个隐层中神经元的输出作为后一个隐层中神经元的输入，在这种情况下就组成了深度神经网络，这种深度神经网络就是深度学习的模型基础。在深度学习网络确定后，相应的权值仅有一个初始值，最终的权值是通过训练获得的。也就是说，构造一个深度学习模型，就是构造了一个函数集，函数中变量的系数是不确定的，我们只有通过有效的训练才能获得要的函数。

2. 多层感知机

单个神经元是无法执行高复杂度的学习任务的，因此需要以图 5-1-3 的方式形成多个神经元与多个隐含层地连接，这一种堆栈的形式。其中，输入层是接收输入信息的那一层，输出层是输出结果信息的那一层，是网络的最后一层，而其他各层都是隐含层，隐含层是对输入信息进行数学操作并将输出信息传递至下一层的那些层，体现的是深度学习网络中的各种计算操作，对于深度学习网络而言，输入层信息和输出层信息是可以被外部获悉的，而隐含层内的信息通常是不能被外部获悉的，可以被称为是隐藏的。在最简单的网络中，只有一个隐含层，但是每个层都有多个神经元进行计算，而对于负责的网络，就有几个甚至几十、上百个隐含层进行极为负责的计算操作。对于多层感知机而言，其特点在层与层之间是具有全连接关系的，全连接意味着上一层的每一个神经元都跟下一层的任何神经元相连。

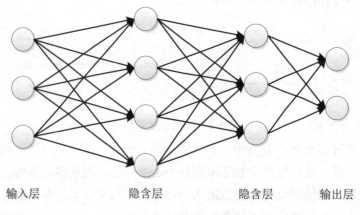

输入层　　　　　　　隐含层　　　　　　隐含层　　　　输出层

5-1-3　多层感知机示意图

130

3. 随机梯度下降

在训练的过程中，由于鞍点（也可以称为"临界点"）的存在，在输入多维信息的时候，由偏导数计算获得的方向导数有时无法提供应该向哪个方向去调整参数，因此在这种情况下，人们可以采用往导数的反方向移动一小步来减小函数值，这种方式称为梯度下降。随机梯度下降是梯度下降算法的一个扩展形式，它是深度学习模型中的一个重要基础算法，是数据库训练的重要手段之一。当损失函数为凸函数时，梯度下降能够得到一个全局最优解。

随机梯度下降的核心思想是将梯度作为估计的期望值。在算法的每一步，从训练集中抽取一小批量样本 $B = \left\{X^{(1)}, \cdots, X^{m'}\right\}$，样本数量是一个相对总样本数据较小的书。当训练集增长时，小批量样板数通常是固定的。

梯度的估计可以表示成

$$g = \frac{1}{m'}\nabla_\theta \sum_{i=1}^{m'} L(x^{(i)}, y^{(i)}, \theta) \qquad （5\text{-}1\text{-}1）$$

在这个过程中使用小批量的样本，在此基础上，再使用梯度下降进行近估计。

随机梯度下降在大规模数据训练过程中有很重要的应用，是训练线性模型的主要方法。对于固定大小的模型，每次随机梯度更新的计算变量不取决于训练集的大小。由于使用随机梯度下降进行训练，使得深度学习方法在新样本训练过程中的泛化更好。

4. 卷积运算

卷积是一种数学算子，是一种通过两个函数生成第三个函数的数学运算方式，相关数学描述如下。

设两个可积函数，通过积分获得函数

$$h(x) = \int_{-\infty}^{\infty} f(\tau)g(x-\tau)\mathrm{d}\tau \qquad （5\text{-}1\text{-}2）$$

卷积操作在深度学习中有重要应用，著名的卷积神经网络就是利用输入特征向量和权值参数的卷积操作进行图像的特征提取，其通过卷积核在输入特征量上的滑动取值，最大限度地共享参数，降低计算量。

5.1.3　深度学习与传统机器学习的关系

机器学习是指利用计算机、概率论、统计学等知识，通过输入数据，让计算机学习新知识，整个学习过程是一个通过训练数据、调整参数寻找目标函数的过程。换言之，计算机程序可以在给定某种类别的任务和性能度量下去学习经验。而深度学习是机器学习类型中的一种学习方式，起源于机器学习中的神经网络学习，是一种将事物利用套接的方式来构建并获得了很好的性能和灵活性的学习方式。由于大数据、高性能计算兴起，深度学习方法在自动提取目标特征方面具有强大的能力，而以往的目标特征通常是由领域专家进行设计提取，但随着目标复杂度增加，人工设计提取目标特征越来越难，因此在当下，深度学习成了一种先进的机器学习技术与手段。

从深度学习的发展历史上来看，近年来深度学习在理论与技术方面本身没有明显的突破，这种基于多层感知机的特征提取思想早在四五十年就已经提出，只不过由于大数据时代提供了海量可供训练的数据，云计算时代提供了更强有力的计算能力，使得深度学习这种特征提取模式得到了应用层面认可。

相对传统机器学习方法，深度学习方法有如下特点。

①大数据依赖性。深度学习与传统的机器学习方法最主要的区别在于，当有足够的训练数据时，该方法的学习效果也会提升，方法性能也会相应提高。当缺少训练数据时，这种算法的性能就会不理想。这其中的原因无法找到更多的数据去挖掘目标的潜在特征。因此，深度学习依赖的是数据红利。与此相反，在这种情况下，传统的机器学习算法可以利用少量训练数据，使用领域专家的经验规则，应用应能会有一定提升。

②计算力依赖性。深度学习算法需要进行大量的矩阵运算，需要高密度的计算力支持。因此，深度学习需要一定的硬件依赖性，如专门用于图形计算的GPU，在解决深度学习计算问题上，比其他硬件计算设备要强很多。而传统机器学习算法则不需要GPU这种高密度的计算能力。

③特征设计方式。深度学习的特征设计是在隐含层中自动完成的，通过前向推导和反向传播来动态调整特征，特征设计的过程不需要领域专家参与。而在传统的机器学习方法中，是将领域知识放入特征提取器里面来提取特征，是一种通过减少数据的复杂度并生成更合适的学习算法模式的过程，特征处理过程很耗时而且需要专业知识，大多数应用特征需要专家确定。

④可解释性。深度学习的特征设计过程是在隐含层通过海量数据逐步训练完成的，因此特征设计过程是一个"黑盒"过程，目前还不具备可解释性。而传统机器学习的特征提取过程是可以解释的。

5.2　深度学习的网络层功能与计算方式

5.2.1　深度学习的网络层功能

深度学习模型本质上是一个神经网络学习模型，从结构上来说包括输入层、隐含层和输出层，从功能上来说主要包括全连接层、卷积层、池化层，激活函数层、softmax 层等。

全连接层在卷积神经网络中可以起到分类器的作用，当卷积层、池化层、激活函数层将原始空间的观测样本映射到内部层的特征向量里后，全连接层会把在内部层中获得的特征表示转换到样本空间。在具体实现方面，如图 5-2-1 所示，在全连接层中，任何节点与上一层的任何节点直接都是连接关系，连接的目标是前期获得的特征整合到一起。由于其全相连的特性，一般全连接层的参数也是最多最冗余的。例如，如果一个全连接层有 $100 \times 4 \times 4$ 个神经元节点，输出有 500 个节点，那么总共需要 $100 \times 4 \times 4 \times 500 = 800\ 000$ 个权值参数和 500 个偏置参数，这在参数训练过程中计算量是非常巨大的。

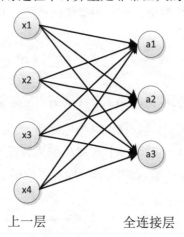

上一层　　　　　　全连接层

图 5-2-1　全连接层节点连接关系

在图 5-2-1 中，x_1、x_2、x_3、x_4 为全连接层的输入，a_1、a_2、a_3 为全连接层的输出，那么对应的输出关系如下。

$$a_1 = W_{11} \times x_1 + W_{12} \times x_2 + W_{13} \times x_3 + W_{14} \times x_4 + b_1$$
$$a_2 = W_{21} \times x_1 + W_{22} \times x_2 + W_{23} \times x_3 + W_{24} \times x_4 + b_2$$
$$a_3 = W_{31} \times x_1 + W_{32} \times x_2 + W_{33} \times x_3 + W_{34} \times x_4 + b_3$$

$$（5\text{-}2\text{-}1）$$

对应的矩阵形式如下。

$$\begin{bmatrix} a_1 \\ a_2 \\ a_3 \end{bmatrix} = \begin{bmatrix} W_{11} W_{12} W_{13} W_{14} \\ W_{21} W_{22} W_{23} W_{24} \\ W_{31} W_{32} W_{33} W_{34} \end{bmatrix} \times \begin{bmatrix} x_1 \\ x_2 \\ x_3 \end{bmatrix} + \begin{bmatrix} b_1 \\ b_2 \\ b_3 \end{bmatrix} \qquad (5\text{-}2\text{-}2)$$

卷积层是卷积神经网络中最重要的网络层，主要的作用是用来提取输入数据或者上一层输出的特征图特征，卷积操作是通过多个不同的卷积核与输入数据或者上一层输出数据进行卷积计算，并在激活函数的作用下，得到新的二维输出结果的过程，这个新的二维卷积输出便是下一层的输入。由于卷积层常常用于图像信息的处理，因此对于图像输入而言，单次二维卷积的计算方式如下。

$$O_{xy} = f\left(\sum_{j=0}^{k-1} \sum_{i=0}^{k-1} P_{x+i,\ y+j} \times W_{ij} + b \right) \qquad 0 \leqslant x \leqslant W,\ 0 \leqslant y \leqslant H \quad (5\text{-}2\text{-}3)$$

其中，$P_{(x+i,\ y+i)}$ 为输入特征图在点（$x+i$, $y+i$）处的像素值，k 为卷积核的维度大小，W 为输入特征图的宽度，H 为输入特征图的高度，W_{ij} 为卷积核内对应的权重值，b 为偏置项，f 为激活函数（例如 Relu，Sigmoid，Tanh 等）。

卷积层的计算是由很多个二维卷积操作组成的，其计算方式为

$$X_j^n = f\left(\sum_{\substack{i \in N \\ j \in M}} X_i^{n-1} * k_{j,\ i}^n + b_i^n \right) \qquad (5\text{-}2\text{-}4)$$

其中为第 n 层卷积层输出的第 j 个特征图，N 为输入特征图通道数，M 为卷积核个数，$k_{j,i}^n$ 表示对应的卷积核，b_i^n 为偏置项，* 为卷积操作，f 为激活函数。

在上述描述的基础上，对于一个 N 维的输入特征图，一个标准的卷积层操作如图 5-2-2 所示，N 维的输入特征图分别与对应的卷积核进行卷积运算，进而得到输出特征图。

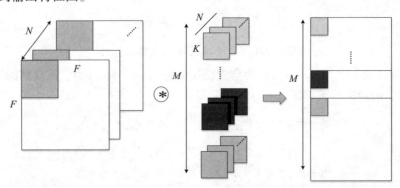

5-2-2　标准卷积操作

由标准卷积操作的示意图我们可以看到，卷积运算具有可交换性，通过核翻转可以实现可交换性。不过，虽然可交换性在证明过程中有重要作用，但是在深度学习网络中却不是一个重要的特性。取而代之的是一种互相关函数，它和卷积运算方式几乎一样但是没有进行核翻转的操作，表达式如下。

$$S(i,\ j) = (I*K)(i,\ j)\sum_m\sum_n I(i+m,\ j+n)k(m,\ n) \qquad （5\text{-}2\text{-}5）$$

许多机器学习的库实现的是互相关函数，但是也被称为卷积。因此，在有核翻转的条件下，需要明确卷积操作中是否存在一种被称为核翻转的数学运算。在机器学习的理念里，学习算法能够利用核的特性在恰当的位置明确权重参数，因此算法当中的核翻转运算，可以看成是一个卷积运算学习后的核。在人工智能算法中，卷积运算通常不是独立的，它通常都和结合其他的一些数学运算的方式共同作用，因此在卷积运算中，人们不需要关心是否存在核翻转现象，因为在构建函数组的过程中是无法重现排序或者相互交换的。在理解离散卷积方面，人们可以通过矩阵乘法的思路去理解，但是在离散卷积中，对矩阵的某些元素成分是有要求的，需要满足一定的等价性原则。对于卷积运算的适应性，它可以适用于不依赖矩阵结构的神经网络计算，这种计算不需要很大程度的调整神经网络。典型的卷积神经网络在处理大尺度信息输入的情况时，会采用某些专用的处理窍门，不过这些窍门的理论可行性并没有被完整证明。

池化层又被称为下采样层，其通过降低卷积层输出的特征图维度，来减少特征图冗余信息和网络计算复杂度，增强所提取到的特征，并且能有效地防止过拟合。池化操作与多层次结构一起，实现了数据的降维，将低层次的局部特征组合成为高层次的特征。池化层的数学表达为

$$X_j^n = f(down(X_j^n)) \qquad （5\text{-}2\text{-}6）$$

其中，X_j^n 为第 n 层卷积层输出的第 j 个特征图，$down$ 为池化函数，常用的池化函数有平均值池化法和最大值池化法，f 为激活函数。

图 5-2-3 所示为一个 4×4 矩阵池化为一个 2×2 卷子的方法，这里使用的是最大值池化方法，以 4 个元素为一组，取最大值进入下一层。例如，第一组元素为 {15，27，58，105}，其中最大值为 105，因此，进入下一层的特征值为 105，其他三组原理以此类推，最大值分别为 96，201，98。池化函数的原理是利用一个矩阵元素及其相邻矩阵元素的统计量特性来替换网络在这个元素位置的输出值，人们可以利用的统计量特性有所有元素的最大值、所有元素的平均值、元素组合的二范数等。池化操作希望在输入信息发生细微的移动时，

能够让输入信息对后面的影响不会很大，这种平移的不变性经过池化函数后不会发生很大的改变。在池化方法方面有一般池化、重叠池化、空间金字塔池化等方式。一般池化中的平均池化就是将待池化区域的矩阵元素平均值作为这个区域的池化输出值，而最大池化操作就是将待池化区域的矩阵元素最大值作为这个区域的池化输出值。重叠池化表示相邻的待池化区域之间有重叠现象发生，空间金字塔池化操作的数学含义是将不同时间空间粒度下的图像特征转换到同一个纬度进行处理。

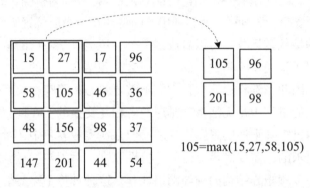

5-2-3　池化层计算方式

由于池化综合了某位置在相关领域内周边相邻元素的信息，这就存在检测单元数量多于池化单元数量的现象，因此当使用待池化区域的矩阵元素统计特征替换单个矩阵元素时就能够提升推理的效率，并降低对存储空间的要求。

相对卷积层在输出层会出现维度变小，深度变深的情况，池化层的深度不变，同时池化层在像素发生微小位移时，池化层的输出是不变的，具有一定的平移不变性，从而提升了鲁棒性。

激活函数通常用于深度学习网络中的层与层之间，将上一层的输出转换后输入下一层，激活函数可以帮助网络区分有用信息和无用信息，通过激活函数来保证网络不仅仅是一个线性回归模型。因此，激活函数通常需要具有非线性、连续可微性、单调性等。如果没有激活函数带来的非线性特征，深度学习网络就类似多层感知机的矩阵乘法操作。因此，激活函数本身的作用是能够给深度学习网络加入一些非线性因素，进而保证神经网络在解决负责问题时具有一定的能力。

在深度学习中，常用的激活函数如下。

恒等激活函数，数学表达式为

$$f(x) = x, \ f'(x) = 1, \ range \in (-\infty, +\infty) \qquad （5\text{-}2\text{-}7）$$

二值阶跃函数，数学表达式为

$$f(x) = \begin{cases} 0, & x<0 \\ 1, & x \geqslant 0 \end{cases}, \ range \in (0, \ 1)$$　　　　　（5-2-8）

sigmoid 函数，数学表达式为

$$f(x) = \sigma(x) = \frac{1}{1+e^{-x}}, \ range \in (0, \ 1)$$　　　　　（5-2-9）

双曲正切函数，数学表达式为

$$f(x) = \tanh(x) = \frac{e^x - e^{-x}}{e^x + e^{-x}}, \ range \in (-1, \ 1)$$　　　　　（5-2-10）

ReLU 函数，数学表达式为

$$f(x) = \begin{cases} 0, x<0 \\ x, x \geqslant 0 \end{cases}, \ range \in (0, +\infty)$$　　　　　（5-2-11）

在上述函数中，sigmoid 函数和 ReLU 函数是深度学习网络中使用较多的激活函数形式，这两种激活函数各有优缺点。Sigmoid 函数输出不以 0 为中心，容易出现偏移现象，在梯度下降过程中会出现 z 字形下降，导致权值更新效率低。此外，sigmoid 函数具有软饱和性，当其落入饱和区时会产生梯度消失现象，计算机运行指数运算较慢。ReLU 函数输出以 0 为边界，输入小于 0 时输出一直为 0，输入大于等于 0 时输出等于输入，这将保证 ReLU 函数有更快的收敛速度，更好的稀疏激活性。由于稀疏的特征并不需要具有很强的处理线性及不可分的机制，因此在深度学习方法中使用线性激活函数更有效。ReLU 的激活作用帮助神经网络引入了稀疏性，类似于无监督学习训练，由于该函数梯度为 1 并且一侧饱和，因此梯度特征能够较好地在反向传播中流动，训练速度会得到很大提升，不会产生梯度消失等问题。当然，如果反向传播过程中，大值梯度流经过一个 ReLU 单元，在参数动态更新后，由于梯度为 0，该神经元就不会产生激活作用了，这种情况下，人们可以通过设置一个小学习率来解决。

综上而言，在深度学习网络构建过程中，激活函数优先选择 ReLU 函数，基于该函数在训练中可以获得较快的训练速度，当梯度流过大导致网络中出现较多无法产生激活作用的无效神经元时，可以使用 ReLU 函数，通过改变学习率重新激活神经元。sigmoid 函计算效率较低，可以在全连接层中使用。

5.2.2　深度学习计算方式

深度学习的计算方式主要包括前向传播和方向传播两个部分。前向传播过程主要是通过上一层节点及其对应的权值进行加权运算，最终在结果上加入偏

置项，最后再通过一个非线性激活函数（如上节提到的 ReLU 函数、sigmoid 函数），最后得到的结果就是本层节点的输出，其示意图如图 5-2-4 所示，最终通过不断的一层一层运算，得到输出结果。实际上，这是一种映射传输关系，从输入到输出的映射，映射方程的系数对应网络权值参数，当函数系数确定后，任何一个输入都会对应一个确定的输出，对应深度学习网络，当网络权值参数确定后，对于任何一个输入信息，所对应的输出信息也是确定的。当然，在这个过程中人们需要评估输出信息的误差。

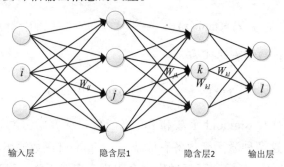

图 5-2-4　前向传播示意图

在前向传播中，输入层节点 i 与权值的加权运算获得节点 j 的一个分量，在此基础上与输入层其他与 j 点连接节点的分量求和获得 j 点的输出，以此类推，获得 k 点的输出，最终获得 l 点的输出，整个计算过程的数学表达为

$$y_j = f(z_j) \quad z_j = \sum w_{ij}x_i \quad i \in 输入层$$

$$y_k = f(z_k) \quad z_k = \sum w_{jk}y_i \quad j \in 隐含层1$$

$$y_l = f(z_l) \quad z_l = \sum w_{kl}y_k \quad k \in 隐含层2 \qquad （5-2-12）$$

在反向传播中，由于输出结果存在误差，因此系统通过误差反馈重新训练参数以便获得更好的前向传播性能，在误差反馈过程中，目前广泛使用的算法就是梯度下降算法，图 5-2-5 给出了反向传播的示意图。

对于反向传播，算法的核心是代价函数对网络中参数（包括权重参数和偏置参数）的偏导计算，这种偏导计算表达方式描述了代价函数值随着权重参数或者偏置参数值调整而产生变化程度的过程。因此，在反向传播中如果当前代价函数值距离预期真值比较差距较大，就需要通过不断调整权重参数和偏置参数来影响输出值，进而让代价函数更加接近期望值，反向传播就是一直重复上述过程，一直到代价函数值在应用方所设定的阈值范围内，反向传播算法才停止。

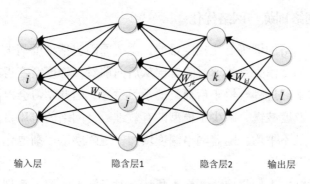

输入层　　　　　隐含层1　　　　隐含层2　　　　输出层

图 5-2-5　反向传播示意图

假设 E 为输出结果与真值之间的误差，那么反向传播的第一次计算过程数学表达为

$$\frac{\partial E}{\partial y_l} = y_l - t_l \qquad \frac{\partial E}{\partial z_l} = \frac{\partial E}{\partial y_l}\frac{\partial y_l}{\partial z_l} \qquad （5\text{-}2\text{-}13）$$

这种前向传播和反向传播的思想对深度学习的应用者是非常重要的，前向传播在神经网络中被称为前馈神经网络，是由许多不同函数集合在一起表示的，这种函数的类型可以多样的，在深度学习中，函数可以报考求和、求加权、求池化及求均值激活等。例如，在一个前向传播链中有三个函数，f_1，f_2 和 f_3，这三个函数分别体现不同层级的数学运算方式，其中 f_1 被称为网络的第一层，f_2 被称为网络的第二层，f_3 被称为网络的第三层，进而形成一个深度网络。在网络计算过程中，需要让函数 $f(x)$ 去匹配 $f^*(x)$ 的值，训练数据提供了在不同训练上的有噪声影响的 $f^*(x)$ 的近似值。每个训练样本对对应着一个近似值标签 $f^*(x)$，训练样本的目标就是希望输出层在每个 x 点上输出一个接近真值 y 的值。在这个过程中，具体的前向传播学习算法会引导每一层如何处理输入数据，但由于训练数据仅仅关系最终的输出是否接近真值，所以相应的学习算法必须通过传播运算决定每一层的输出。

在反向传播中，由每一个输出节点对应一个输入变量，都会获得一个预测值，而这个预测值和真实值之间的差距就是误差，但是误差的来源以及影响误差的参数并不清楚，因此需要在每一层结合偏导数的计算获得每个参数对误差的影响进而进行针对性的动态调整。因此，反向传播方法可以体现出深度学习网络的参数是如何变化的，这种变化趋势对于分析网络性能、优化网络是非常有作用的。

139

5.2.3　网络训练与网络优化

深度学习网络的训练是比较困难的，主要原因包括梯度消失、梯度爆炸及权重退化等。梯度消失是指通过隐含层从后向前看，梯度会变得越来越小，这说明前面层的学习过程会慢于后面层的学习过程，因此学习会停滞。参数空间中学习的退化速度减慢，减少了模型的有效维数，网络的可用自由度对学习中梯度范数的贡献不平均，随着网络深度增加，矩阵乘法逐渐退化，进而导致训练效果越来越不理想。

在网络训练中人们需要注意样本集特点对于深度学习模型训练的影响，当数据库很小，样本数量不够时，深度学习方法通常不会取得较好的性能。除此之外，当数据库本身没有局部相关性时，在训练深度学习模型时效果较差。目前在深度学习应用在能够体现出较好性能的应用领域，如图像、语音，自然语言处理等领域，这些领域的一个共性就是局部特征具有相关性。图像中组成物体的像素，语音中组成单词的音位，文本中组成句子的单词，当这些元素的组合被重新排列，图像、语音、文本的含义也会发生改变。当然，在有些应用背景下，可供训练的样本数量很少，在这种条件下，人们需要考虑一些技巧来解决，相关技巧思路如图 5-2-6 所示。首先，人们可以将在其他相关数据库上获得的初始化网络作为初始值，基于反向传播理论，训练目标样本训练集，改善模型以适用于领域应用背景，如对于图像目标检测、识别等应用任务，人们可以考虑将 ImageNet 数据库作为前期训练集。其次，还可以把最下面层次的网络参数固化，首先利用基础数据库获得的初始参数，然后在训练过程中仅更新自上层网络的参数。这么处理的原因是在训练中，最下面层次的权重更新速率是很缓慢的，因此人们可以利用数据库获得浅层次特征信息。最后，需要把基于基础数据库训练获得的模型中的最外部输出看作综合特征，直接代替领域专家设计的特征。

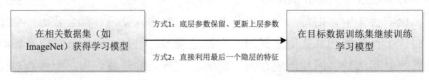

图 5-2-6　训练样本数量较少时的深度模型训练技巧

在深度模型训练中，如何划分训练集、开发集、测试集是非常重要的。对于传统的机器学习方法而言，60％用于训练、20％用于开发、20％用于测试这种分配比例是相对合理的，因为传统方法的样本数量较少。但是，对于深度模型而言，训练样本是巨大的，因此在这种情况下，人们可以提高训练样本的比例，降低开发样本和测试样本的比例。当然，在分配数据库的过程中，人们还需要根据实际应用背景的需求，动态地调整相关数据库的比例，以便达到更好的效果。此外，当训练集和开发测试集来自不同的分布，出现不匹配的情况时，需要咨询对错误进行分析，去了解训练集合开发测试集的具体差异，进而消除数据不匹配的问题。

在深度模型训练的过程中，预训练和微调是十分重要的环节。由于深度网络的层级较多，训练样本数量较多，如果使用监督学习方法则会需要大量的样本标准，否则会出现过拟合问题，进而会出现多特征现象，这是由于存在规则化问题、多观测向量问题、规则化问题、特征构建方法等问题造成的，在多层神经网络中对网络的权重进行寻优是一个复杂的数据问题，由于高阶凸优化的现象存在，当局部解无法收敛时，会出现梯度扩展现象，导致底层网络参数更新慢，贡献小。因此，我们可以考虑使用无监督方法先进行逐层预训练，将训练好的网络参数权重值作为网络参数的初始值。而微调是指先利用现有的参数、完善后的网络基于自己的数据库进行训练，使得参数逐渐适应自己数据库的过程。例如，在图像识别领域，对于一个特定的应用背景，我们自己的数据库样本数量不会很大，在这种情况下，直接应用数据库训练一个深度学习网络是不可行的，因此我们需要以现有的深度学习网络为基础，再结合应用背景数据库进行微调。微调的过程也是一个训练过程，相对原始训练，微调是基于已有的参数文件进行初始化训练。微调过程有三种状态：第一是只预测、不训练，其特点是速度快，针对已经完成训练的模型，对目标数据进行分类的场景非常有效；第二是只训练降维，仅仅训练分类层；第三是全网络训练，需要耗费较多的硬件计算资源。

深度学习模型在很多情况下都需要进行优化，相比传统机器学习方法，深度学习模型在训练过程中会遇到非凸情况，因此深度学习优化过程中会遇到病态、局部最小值、梯度爆炸、梯度截断、梯度消失等问题。在上述情况下，一些诸如随机梯度下降、自适应学习、二阶近似等优化算法得到发展。在优化策略方面，批标准化是优化深度神经网络的有效方法之一，它是一种自适应的参数化方法。批标准化提出了一个可以重参数化的方法，能够显著减少层与层之间的协调更新问题。批标准化可应用于网络的任何输入层和隐含层。假设需要标准化的是某一层的激活函数，对于设计矩阵，每个样本的激活都会出现在矩阵的每一行中。为了每个样本的激活出现在矩阵中，人们通过一种标准化方式，将重新标准化为下面的数学表达式。

$$H^{\wedge} = (H - \mu) / \sigma \qquad (5\text{-}2\text{-}14)$$

在公式中，向量和向量会对应到矩阵的每一行里面。在矩阵每一行内，运算过程是以元素为单位进行的，因此对矩阵的处理是减去再除以，得到一个具有标准化形式的矩阵。除了这种方式，推理过程中其他与矩阵相干的运算与原来网络中矩阵参与的运算方法相同。

在训练阶段，有以下两式。

$$\mu = \frac{1}{m} \sum_i H_i \qquad (5\text{-}2\text{-}15)$$

$$\sigma = \sqrt{\delta + \frac{1}{m} \sum_i (H_i - \mu)_i^2} \qquad (5\text{-}2\text{-}16)$$

这说明，梯度的计算过程不会增加的均值，标准化操作通过归零其在梯度中的元素，消除了这种影响，这是标准化操作的一个重要特征。相对传统添加代价函数的方式，其通过标准化激活统计量，在每个梯度下降处理之后，对统计量重新进行一次标准化处理。传统计算方式通常引起不充分的标准化处理，而新方式则会消耗大量时间，因为这种计算方式会反复改变均值和方差。批标准化重参数化模型的优化方式，保证了某型单元永远被定义标准化。

5.3　典型深度学习算法模型

深度学习典型算法模型主要包括三个类型，分别是多层感知机模型、深度神经网络模型和递归神经网络模型，这三种模型的代表网络分别是深度置信网络 DBN，常用于目标分类、识别任务的卷积神经网络 CNN，常用于时间序列处理任务的递归神经网络 RNN，本节将以上述三种网络为例介绍典型深度学习算法模型。

5.3.1　深度置信网络 DBN

2006 年，学者杰弗里·辛顿在《科学》上发表文章，提出深度置信网络DBN，即通过预训练结合微调的模式构建网络，这成为深度学习算法模型的主要框架。DBN 是一种生成模型，通过训练其神经元间的权重，可以让整个神经网络按照最大概率来生成训练数据，因此深度置信网络 DBN 不仅可以用于分类、识别任务，还可以直接用于生成数据。

深度置信网络是由若干层受限玻尔兹曼机的神经网络结构堆叠而成的，在堆叠方式上，上一层的 RBM 隐层作为下一层 RBM 的可见层。RBN 本身不是一个深层模型，它是一个包含一层可观察变量和单层潜变量的无向概率图模型，可以用于学习输入的表示。标准的 RBN 是具有二值的可见和隐藏单元的基于能量的模型，其能量函数的数学表达式如下。

$$E(v,\ h) = -b^T v - c^T h - v^T W h \qquad (5-3-1)$$

其中，和都是无约束、实值的可学习参数。我们可以看到，模型被分成两组单元和，他们之间的相互作用由矩阵 W 描述，通过这种方式人们可以发现，该模型的一个显著特点就是在任何两个可见单元之间或者任何两个隐藏单元之间没有直接的相互作用，因此为区别于传统的玻尔兹曼机，人们称之为受限玻尔兹曼机。RBM 能够展示典型的图模型深度学习方法，可以使用多层潜变量，并且可以由矩阵参数化层与层之间的相关作用来完成表示学习任务，这是一种清晰的表示方式。

一个普通的 RBN 网络结构图如图 5-3-1 所示，是一个双层模型，由 m 个可见层单元及 n 个隐层单元组成，在该结构中，相同层次内的神经元之间没有连接，层与层之间的神经元全部连接。也就是说，在确定可见层状态时，隐层的激活状态是条件独立的。除此之外，当确定隐层状态时，可见层的激活状态是条件独立的。这就保证了相同层次内神经元之间的条件独立性，降低了概率分布计算及训练的复杂度。无向图模型可以作为受限波尔兹曼机模型的内在模型。由于外部层的元素和内部层的元素之间的连接权重是互通的，可见层到隐含层的连接权重为 W，隐含层到可见层的权重为 W。除上述参数之外，这种网络的参数还包括可见层偏置 b 及隐藏层偏置 c，该网络的可见层和隐含层各个单元所定义的分布可以根据实际应用需求进行替换，包括 Binary 单元、Gaussian 单元、Rectified 单元等，这些不同类型的单元之间主要的区别在于激活函数不同。

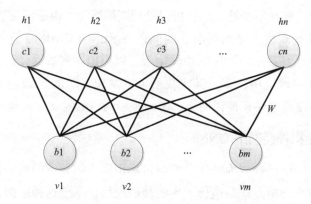

图 5-3-1　受限玻尔兹曼机 RBN 结构

深度置信网络 DBN 由若干层 RBM 堆叠而成，如果在训练集中有标签数据，那么最后一层 RBM 的可见层中既包含前一层 RBM 的隐层单元，同时也包含标签层单元。假设最上层 RBM 的可见层有 100 个神经元，训练数据的种类一共有 20 类，那么最上层 RBM 的可见层就有 120 个显著性神经元，对于每一组训练数据，对应的标签元素被打开时设为 1，被关闭的神经元设为 0。

深度置信网络 DBN 的训练过程有两个阶段：第一个阶段是预训练阶段；第二个阶段是微调阶段。其中预训练阶段是逐层训练每一个 RBM，经过预训练阶段训练的 DBN 可以用于模拟训练数据，在此基础上，为了进一步提高网络的判别性能，通过微调阶段利用标签数据通过 BP 反向传播算法对网络参数进行微调。深度置信网络 DBN 的优点和缺点主要体现在生成模型与判别模型的特点上，其优点首先体现在由于模型的生成过程能够获得联合条件下的概率密度分布，因此能够利用统计意义上的数据分布条件去体现相同类型数据的近似程度。然后，生成模型还具有回溯条件概率分布的能力，此时其相当于判别模型，而判别模型无法得到联合分布，因此不能当成生成模型使用。其缺点主要体现在生成模型并不关心不同类别直接的最优分类面在哪个位面，因此当该模型面向分类场景时，在类别区分度指标方面可能不如判别模型，并且还需要输入的观测样本具有一定的稳定性，由于生成模型获得的信息是联合分布的，因此在某种程度上学习问题的复杂性比较高。

鉴于深度置信网络 DBN 的缺点，以该模型为基础，出现了一些具有特点的改进模型，其改进方向主要集中在对组成 RBM 的单元进行改进，如有卷积 DBN 和条件 RBM 等。深度置信网络 DBN 并没有考虑图像的二维结构信息，这是因为输入就是简单地将一个多维向量矩阵转换为一维向量矩阵，而卷积 DBN 可以利用邻域像素的空域关系，通过一个称为卷积 DBN（CDBN）的模型达到生成磨的变换不变性，而且可以处理高维图像。由于深度置信网络 DBN 没有明确地处理观察变量的时间，因此条件 RBM（CRBM）通过考虑前一时刻的可见层单元变量作为附件的条件输入，以模拟序列数据，这种变换方式在音频信号处理领域应用较多。其实我们可以发现，DBN 的改进方向与深度学习另外两个深度模型卷积神经网络、递归神经网络的发展方向是一致的。

5.3.2 卷积神经网络 CNN

卷积神经网络已经成为图像分类、目标识别应用领域的前沿研究方向，它的权重参数共享网络方式是模仿了生物神经网络，基于这种结构，人们能够在复杂性方面影响网络模型，同时能够把网络的权重参数压缩到很小的数值。这种卷积神经网络对于多维图像的处理效果极佳，能够把纬度较高的原始图像信息直接送入网络，进而节省了特征提取步骤和数据恢复重建步骤，这在传统机器学习算法中是一个极其复杂而且有挑战性的工作。由于深度置信网络 DBN 是一个全连接的结构，在这种结构中，相邻两层之间的所有神经元都要组成连接，进而导致了参数爆炸现象，而使用卷积神经网络，通过卷积核作为桥梁，实现卷积核在图像内共享，不需要所有神经元都相连，图像通过卷积操作后仍然保留原先的位置关系，这种卷积网络对于识别形状特征具有较好的效果，该网络的结构允许输入信息存在一定平移、缩放、倾斜现象。

卷积神经网络网络的结构是一个多层次的网络结构，如图 5-3-2 所示，在该网络结构中通常包括卷积运算、池化运算、全连接运算及识别运算。卷积运算通过稀疏交互、参数共享和等变表示完整的网络架构。网络中卷积运算的双方分别是一个可重新定义权重的卷积核与前一层的特征图向量，以二维为例，相应的运算示意如图 5-3-3 所示，卷积运算后，需要经历一个激活处理，最后输出这个网络层的结果，这个结果叫作网络结构中这一个层次的特征图向量，因为对于网络中的每个元素而言，元素都会与上一层的感受区间对接，用来提取层次信息的浅层特征信息，因此当浅层特征信息被提取后，不同特征之间的相对距离就是固定的，而对于池化运算而言，是利用某一矩阵元素的周围元素的总体统计特征量来替换当前矩阵元素的输出，池化能够帮助输入信息表示近似不变，当然池化也可能会使得一些利用自顶向下信息的神经网络结构变得更加复杂，如玻尔兹曼机和自编码器结构。因此，通过池化运算人们能够聚合特征、降低维度，进而减少计算量。这种运算方式把输入信号划分为多个区域，每个区域不产生叠加现象，在每个区域中利用池化运算来控制网络在空间上的分辨能力，如通过最大值池化处理获得待池化单元元素的最大值，通过均值池化处理获得带池化单元元素的平均值，系统通过这类运算方式来降低信号偏移和扭曲带来的影响。全连接运算是在对输入信号进行多轮卷积处理和池化处理后，将输出的多组信息进行点对点连接，在此基础上，合并为一个整体的信号单元。识别运算是在上述三种运算的基础上，针对具体的应用任务（如分类、识别、回归等）再额外增加一层网络用于运算，在这层网络中，体现的是相应的算法。

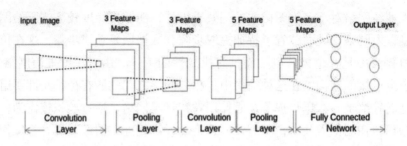

图 5-3-2　卷积神经网络的典型结构

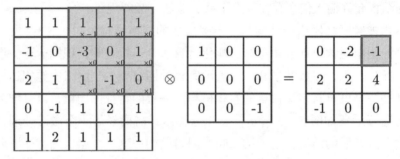

图 5-3-3　二维卷积运算示意图

卷积神经网络 CNN 本质上仍然体现的是一种映射关系，是一个从原始空间到输出空间的映射变换，其通过积累大量的原始空间信息和输出空间信息之间的对应关系，获得函数表达。当然，这种表达方式不需要任何输入和输出之间的精确数学表达式，只需要在海量训练样本的支撑下用熟悉的训练方式对整个卷积神经网络进行训练，网络就可以反映出原始空间和输出空间之间的对应关系，在这个过程中，卷积神经网络体现有监督训练学习的作用。这种训练方式的优点是有效利用了共享权重的方式，压缩了网络中的参数，卷积核滤波器在工作时，由于参数复用，因此可以不考虑输入信息的物理信道，进而提升了模型的通用处理性，在此基础上系统利用池化运算方式降低网络的空间粒度，进而减少由于信号的微小偏移和扭曲带来的网络性能影响，从而降低了对输入数据的输入稳定性要求，不过这种方式的缺点是可能产生梯度丢失现象。

针对卷积神经网络在应用中的不足，学术界和工业界相继提出了多种改进模型，如 2012 年提出的 AlexNet 网络、2014 年提出的 GoogleNet 网络模型和 VGG16 网络模型、2015 年提出的 DeepResidualLearning 网络模型等。可以说，卷积神经网络的改进方式主要包括网络结构逐步加深、卷积功能逐步加深（标准卷积、空洞卷积、转置卷积、可分离卷积等）、应用范围逐步扩展（分类、检测、识别、自然语言处理）、功能模块（池化、激活）逐渐增加的工作。

在应用方面，卷积神经网络主要应用于计算视觉领域和自然语言处理领域，其中在计算视觉领域是对二维图像信号或三维视频信号进行处理，而在自然语言处理领域则是对一维信号进行处理。自然语言处理的输入数据通常是离散值，计算视觉领域处理的通常是连续值。对于卷积神经网络的区域不变性而言，滤波器在每层的输入特征图中滑动，检测的目标是局部特征信息，在此基础上，系统通过池化操作取均值或者极大值，进而综合局部特征，虽然这个过程失去了每个像素特征的位置信息，但是这对于图像处理任务是影响不大的。但对于自然语言处理任务，这种位置信息是不能失去的。除此之外，对于卷积神经网络的局部组合性来说，每个卷积核滤波器都会把低层次的局部特征进行综合，进而生成高层次的特征量，如在计算视觉中，系统通过边缘特征、颜色特征、角度特征等综合成更高层次的类别特征，进而获得复杂物体的特征提取。而在自然语言处理中，相邻的词语不需要保证必要的相关性，只要语义有关即可。

5.3.3 递归神经网络 RNN

深度置信网络 DNN 和卷积神经网络 CNN 在手写体识别、语音识别、自然语言处理等应用领域中存在一个问题，即无法对时间序列上的变化进行建模，为了应对这种需求，递归神经网络 RNN 得以出现，在传统的全连接网络中，每层的神经元智能向下一层进行传播，样本处理的过程是时间独立的，因此是一种前向传播网络。而递归神经网络 RNN 的特点是，神经元的输出可以在下一个时刻再次作用到自己身上，也就是说，当前时刻的输出可以有历史信息的参与。因此，递归神经网络可以看出是一个在时间上传递的神经网络，网络的深度是时间的长度。

递归神经网络 RNN 的网络结构如图 5-3-4 所示，左侧是递归神经网络的原始结构，与深度置信网络 DBN 和卷积神经网络类似，都有输入层至隐含层至输出层的网络结构。但不同的是，在递归神经网络 RNN 中有一个反馈，当其输入隐含层之后，一方面输出给输出层，同时也输出给隐含层本身，这就使网络具有了记忆能力。这种记忆能力通过操作 W 将前一时刻的输入状态进行记录，进而作为下次输入的辅助参数，也就是说，当前隐含层的函数变量既包括当前时刻的输入信息，也包括前一时刻的历史记忆信息。因此，对于递归神经网络结构的设计，通常包括以下几个要点：首先，每个时刻都有输出，并且隐含层的神经元之间有循环连接的网络；其次，虽然隐含层之间存在循环连接，但是读取整个时间序列后产生单个输出。

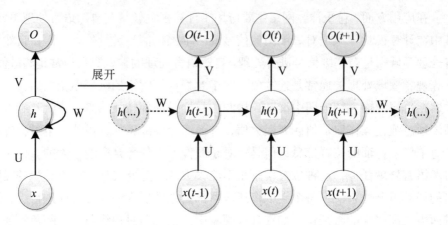

图 5-3-4　递归循环网络 RNN 网络结构示意图

假设图 5-3-4 中的递归神经网络使用双曲正切激活函数，结合手写字体识别应用背景，设定输出是离散形式的。表示离散变量的常规方式就是把输出 O 作为每个离散变量可能值的非标准化对数概率，然后通过 softmax 数学操作进行后续处理，进而获得标准化后的概率输出向量。递归神经网络 RNN 从初始状态 h（0）开始前向传播，其更新方式为以下公式组。

$$a(t) = b + Wh(t-1) + Ux(t)$$
$$h(t) = \tanh(a(t))$$
$$O(t) = c + Vh(t)$$
$$\hat{y}(t) = soft\max(O(t))$$

（5-3-2）

其中的参数的偏置向量 b 和 c 连同权重矩阵 U，V，W，分别对应输入层至隐含层、隐含层至输出层和隐含层至隐含层的连接关系。这种循环网络将一个输入序列映射到相同长度的输出序列。

递归神经网络的反向传播算法需要利用时间特征进行反向推导传播，算法被称为 BPTT 算法，这种梯度求解方式十分容易，不需要特殊的算法，任何通用的基于梯度的技术都可以训练 RNN。对于网络中的任何一个节点 N，系统需要以这个节点以后的点为基础，进行梯度向量计算，通过一种递进的计算方式获取梯度信息，这个过程的数学表达式为

$$\partial L / (\partial L(t)) = 1$$

（5-3-3）

在这个导数中，假设输出 O（t）作为 softmax 函数的参数，可以从 softmax 函数获得概率输出向量。对于所有 i 和 t，关于时间刻度 t 输出的梯度 $\nabla_{O(t)} L$ 可以表示为

$$(\nabla_{O^{(t)}} L)_i = \frac{\partial L}{\partial_i^{(t)}} = \frac{\partial L}{\partial L^{(t)}} \frac{\partial L^{(t)}}{\partial O_i^{(t)}} = \hat{y}_i^{(t)} - 1_{i,y(t)} \qquad (5\text{-}3\text{-}4)$$

一旦获得了网络内节点的梯度向量后，相关权重参数的梯度就能够获取。由于参数在绝大多数时刻共享，因此必须在进行微分操作时注意。

递归神经网络由于在输入时叠加了历史记忆信息，因此在反向传播训练时不同于其他神经网络，这是由于对于时刻 t 的输入层，残差不仅来自输出，还来自之后的隐含层。通过反向传播算法，系统利用输出值与期望值之间的差异，一层一层的计算每个权重参数的梯度，然后利用降低梯度的计算方式去重新定义每个权重参数，这种计算方法的优点是模型是时间维度上的模型，模型深度与时刻对应，能够对序列内容建模，缺点是需要训练的参数较多，容易出现梯度消失或者梯度爆炸情况，不具备特征的提取能力。因此，递归神经网络也有很多改进方案。

通过对上述三种典型的深度学习算法模型我们可以看到，卷积神经网络 CNN 和递归神经网络 RNN 各有特点。递归神经网络 RNN 具有记忆效应，结合 LSTM 网络，系统可以提取时间序列信息，可以处理不定长的输入信息，这种长度信息可以通过学习获得。而卷积神经网络 CNN 侧重空间映射，善于综合局部特征获得类别物体的整体特征，对于处理图像、视频数据有优势，但是要求信号输入长度是确定的。

5.4 深度学习未来研究方向展望

目前深度学习还存在一定的问题需要逐步研究解决，主要包括以下几个方面。

首先是支撑理论的问题，其主要有两个方面的不足，一个方面是统计学习理论的支撑，另一个方面是高性能计算方式。我们已经知道，相对浅层模型，深度模型的优势在于对非线性特征具有更加理想的提取及表示能力。进一步而言，以神经网络的 UAT 理论作为理论支撑，每一个非线性映射，都能够通过一个深度模型和一个浅度模型表示。对于深度模型而言，构建网络所需要参数并不多，但是能够表示的条件不一定是能够学习的。除此之外，系统还需要了解深度模型对训练样本的渴望程度，需要知道在什么数量级的训练样本前提下能够获得性能理想的深度模型。与此同时，系统还需要了解深度模型对计算能力的渴望程度，需要知道什么等级的计算能力才能满足深度模型训练样本的需求。不过因为通常由非凸函数构建深度网络模型，计算复杂度较高，所以这个方向上的理论支撑进展较为缓慢。此外，深度学习的可解释也是一个值得人们关注的问题。

其次是数学模型设计方面的挑战，系统在提升支撑深度模型的统计学习能力和计算能力的同时，仍然需要考虑新形式的网络模型，这种新形式的模型期望在具备深度网络模型特征表示能力的基础上，兼备其他优点，如对小样本问题的适应能力。除此之外，在面向领域内的实际场景问题时，基于什么样的理念去构建一个深度网络模型是一个重要的问题。目前的研究成果已经证明，不管是面向图像分类、识别任务的深度网络，还是面向自然语言理解的深度网络，都是一种协同处理的方式。更近一步，在构建语音声学模型的领域，科研人员同样在尝试卷积深度网络的形式。这带来了一个新的方向，在面向多个领域的应用问题时，系统能不能建立一个适用度更为广泛的网络模型，使其适用于自然语言处理、语音识别、图像分类、物体识别等任务呢？

最后一个方面是面向场景的实际应用问题，从目前的行业进展我们可以看到，对于工业界的各个公司来说，在训练深度模型的过程中怎样调配高性能计算能力是各个公司面临的一个重要挑战。目前，如 Hadoop 等海量数据处理平台，虽然处理能力比较强大，但是数据处理过程的延时较高，在面对需要连续迭代计算的深度学习框架时，计算能力会显得力不从心。目前，在深度模型训练中常常使用随机梯度计算，这种计算方式无法在多个计算机上同时进行。因此，目前都采用图像处理单元 GPU 进行训练，但是即使应用这种专用平台，训练时间也是难以满足科研人员的需求的。因此，在当前这个数据洪流的时代，目前的训练方式无法满足未来应用的需求。针对这些问题，国际网上科技巨头开始尝试用不同的方案去解决，例如谷歌公司构建了并行计算平台 DistBelief，该平台将传统服务器以阵列的形式组合，基于异步计算的方式，在改变模型参数时通过多个计算单元独立完成，进而完成了梯度计算的并行处理，有效提升了深度网络模型的训练能力。区别于谷歌公司的架构，百度公司以 GPU 作为计算平台，通过构建 GPB 并行计算平台阵列，解决传统服务器无法并行计算的技术瓶颈，帮助深度网络的训练过程以并行方式开展。能够期待的是，随着训练方法和训练能力不断提升，语义理解、图像分类与识别能力还有较大的提升空间。

综上我们可以看到，深度学习已经为机器学习带来了一个新的机遇，目前在学术界、工业界都得到了大量的关注与支持，研发资金在不断流入。基于数据红利的因素，"大数据＋深度模型"模式将会给各个领域带来机会。在面向实际场景应用方面，深度学习技术在语义理解、图像目标分类、识别方面获得了颠覆性的效果，进而促使了人工智能的发展，人和机器之间的交互变得更为有效，这会帮助人们提升处理复杂机器学习任务的方法能力。因此，当科研人员逐渐解决深度学习在支撑理论、数学建模、场景工程应用方面的瓶颈时，深度学习将会逐渐融入人们的生活。

第6章 基于深度学习的遥感图像目标识别

遥感图像目标识别是军用、民用领域的重要应用场景，对于通过遥感手段获得的目标来说，在不同分辨力下，每种目标对应的背景与目标特征是不同的，因此直接应用经典的目标识别手段不能获得较好的精度。作为先进机器学习的一个应用案例，本章面向实际应用需求，重点介绍如何结合深度学习方法与传统目标识别方法来设计遥感目标识别系统，进而满足不同分辨力下的遥感目标识别问题。

6.1 遥感目标识别应用面临的挑战

对于面向遥感图像目标识别的应用设备来说，设备中普遍采用的识别手段是利用经典的机器学习方法实现，这是一种面向具有普遍特点任务的应用设备，在应用范围方面有一定的广度。但是对于一些垂直领域的特定问题，在广泛调研国内外在遥感图像目标识别系统方面的研究现状基础上，人们能够发现，目前存在下面两个挑战需要解决。

①在训练数据获取方面。由于遥感数据信息在开放的平台上很难拿到，所以在基于深度学习技术进行样本训练过程时，会出现由于训练数据不足而引起的算法性能下降问题。除此之外，虽然其能够及时获取数据，但是开放平台上获得的数据是否可用需要进一步甄别。因此，在这种情况下，面向遥感图像中专用目标的主动识别系统还没有形成。由于遥感数据本身的特殊与敏感性会带来上述两方面问题，因此这些情况均制约了目标识别技术的发展，特别是限制了对于目标侦察和特定目标打击的研究进展，对遥感数据的利用程度没有达到 100%。

②在研究指导思想方面。众所周知，在不同分辨力下，垂直应用领域与目标的特征相关性较强，因此传统的机器学习算法与深度学习方法各有自己的优

153

势，因此在指导思想方面，为了更有效地完成不同分辨力条件下的目标识别系统设计，人们需要考虑待识别目标所处的应用场景环境。

③机器学习算法设计方面。遥感图像通常尺度较大，传统的机器学习方法在特征提取方面具有一定的瓶颈，因此如何结合在图像特征提取方面具有强大优势的深度学习方法进行算法设计，也是遥感图像目标识的重要挑战之一。

综上，虽然目前已经有多目标识别算法在研究中取得了较好的识别效果，但是结合传统图像处理方法与深度学习技术的优势，开展针对性的遥感目标识别方法还比较少见。

6.2　系统中遥感目标识别需求分析

在本章所面向的应用系统中，为了全面体现遥感图像具有全天候、覆盖广的特点，目标识别类别主要包括飞机、飞机场、桥梁、油罐、港口及船舶等六类实际目标，这些目标在不同分辨力下的各种图像数量各 500 幅到 1100 幅不等。期望针对这些目标的目标识别率不低于 85％，算法识别时间不大于 3s。上述六类实际目标的样本示意图如图 6-2-1 至 6-2-6 所示。

图 6-2-1　飞机目标样本

图 6-2-2　飞机场目标样本

图 6-2-3　桥梁目标样本

图 6-2-4　油罐目标样本

图 6-2-5 港口目标样本

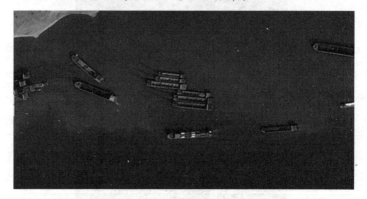

图 6-2-6 船舶目标样本

6.3 低分辨力下遥感目标识算法

6.3.1 基于深度学习的目标识别算法设计

低分辨力条件下的机场目标、港口目标、桥梁目标的目标特征向量不好区分，是一种半开放性特征形式，人们可以使用基于深度学习的目标识别网络来设计相关算法，从而完成对低分辨力下的桥梁目标、机场目标、港口目标的发现。这里使用的网络结构如图 6-3-1 所示，主干网络使用 VGG16 网络，同时利用空洞卷积构造特征卷积层进行特征提取，与标准相比，空洞卷积的工作方式如图 6-3-2 所示。

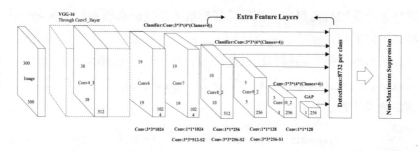

图 6-3-1 低分辨力遥感目标识别算法网络结构

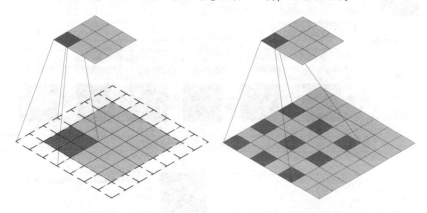

图 6-3-2 空洞卷积的工作方式

在主干网络设计中，在第 6 个空洞卷积层与第 7 个空洞卷积层的后面补入卷积层 conv8、conv9 和 conv10，然后利用全局均值的方式进行处理，把上一层的特征图通过一维向量体现。通过分析样本训练数据库特点，对于相同的目标类型，训练样本数据的相同类型类里有较大的差异性，因此即使是相同类型的目标，还是存在尺度不匹配的情况。因此，在多尺度的条件下进行目标识别显得尤为重要。针对这个问题，这里设计的专用算法网络考虑针对不同层分别映射出尺度不一致的特征图，在此基础上，再送入目标检测机构，用来获取类别的位置信息，工作方式如图 6-3-3 所示。

通过检测流程我们可以看到，在 Conv4_3 层后输出了第一个特征图，整个算法中输入图像的描述是整合了网络前几层的特征图信息，当然这些特征中较为浅层的特征感受也较小，是一些浅层特征。而在算法网络的后半部分，一些比较深层的特征图被提取出来，这些特征的感受也较低层特征图大很多，能够描述更为高级的复合综合特征，在这种情况下，这些特征就具备了高阶的特征信息含义，具有更强的特征意义。在算法网络的尾部，为了防止产生相同目标被多次检测处理的情况，在算法中加入了特殊处理，利用非极大值抑制方式进行，通过上述浅层特征提取、深层特征提取等，进而获得最后的检测结果。另外，我们可以看到，在算法网络结构中未用到全连接层，全连接层均被卷积层所代替，从而保证每一层输出信息能理解到目标附近范围的特征，而不是感受局部区域信息，并且也降低了对计算资源、存储资源的需求，极大减少了权重参数的数量和计算。

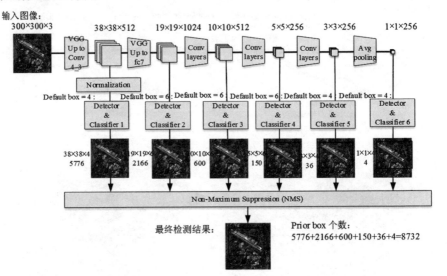

图 6-3-3　多尺度检测数据流示意

6.3.2　候选目标生成方式

在我们的算法网络中，利用了扎锚点方式完成获选目标区域生成，目标区域范围叫作先验框。而对于网络中的卷积 Conv7 层、卷积 Conv4_3 层、卷积 Conv8_2、卷积 Conv10_2、卷积 Conv9_2 及全局池化层所生成的多组特征向量图，其对应的像素值大小分别为 $19 \times 19 \times 1024$、$38 \times 38 \times 512$、$5 \times 5 \times 256$、$3 \times 3 \times 256$、$10 \times 10 \times 512$、$1 \times 1 \times 256$。为了在不同层所输出的特征图具有不一致的比例，算法通过在每个特征图向量中使用不一样的高宽比例系数来仿真待检测目标物体的不同比例高宽比候选区域，这种模式比例的方式如图 6-3-4 所示。在示意图中，体现的是在训练机场目标图像时先验框的产生流程，在此基础上，对应于每一个先验框的产生。对于不同尺度的特征图，假设以 $6 \times 6 \times 256$ 像素的卷积 Conv9_2 层为例，这个层次获得的特征图尺寸就是 $6 \times 6 \times 256$。在算法网络中设置其默认的框参数为 10，在产生的框的流程中，通过尺度参数 scale 与比例参数 ratio 进行调整，实现多个面积不同的候选框产生。这里面尺度参数 scale 需要随层数变化而动态调整。这种方式相当于在每一个候选点（也可以称之为锚点）的旁边生成 10 个中心点一样的面积不同的先验框，因此对于卷积 Conv9_2 层的输出特征图向量而言，一共可以得到 $6\times6\times10$ 共 360 个候选先验框，然后再基于这些信息进行类别可信程度、四个位置坐标效果的估计。在这里设计的算法网络中，其要综合计算各网络层所输出的特征图数量，获得上万个先验框并进行预测。在针对算法网络权重参数更新过程中，对样本输入的推理等价于对该样本输入图像在多个不同尺度下的所有子图个类别信息与位置信息的估计。

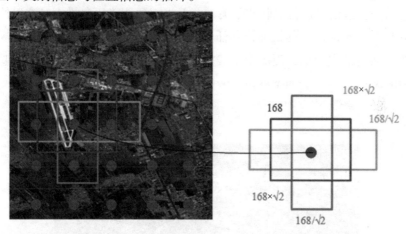

图 6-3-4　模拟高宽比例方式生成的待检测目标候选框

在参数的具体设计方面，网络权重参数在更新过程中，最下面一层特征图的尺度信息 scale 值选定为 0.2，表示为 S_{min}=0.2，最高层的特征图的尺度信息 scale 值选定为 S_{max}=0.95，而比例参数 ratio 的取值区间则设置为 a_r，利用这几个参数来限定锚点周围候选区域的大小。在推理过程中，一起运用比例参数 ratio 和尺度参数 scale，获得每一层的先验框的尺寸，令候选框的宽度是符号 w_k^a，高度符号是 h_k^a，因此候选框的宽度和高度可以表示为如下的数学表达式。

$$w_k^a = s_k / \sqrt{a_r} \tag{6-3-1}$$

$$h_k^a = s_k / \sqrt{a_r} \tag{6-3-2}$$

其中 S_k 为每层的参数，其计算公式的数学表达如下所示。

$$S_k = s_{min} + \frac{s_{max} - s_{min}}{m-1}(k-1), \ k \in [1, \ m] \tag{6-3-3}$$

当比例参数 ratio 的值设定为 1 时，宽和高相等，这种情况下，可以产生两个候选框，特点是面积一致、比例相同都是 1：1。在这种情况下，对每个候选锚点，同样可以在其旁边生成 10 个不同的候选框，以此来保证不同参数下的候选框数量一致。

6.3.3 算法网络的代价损失函数描述

由于在该应用系统中有可供训练的标记样本数据，因此通过监督学习的方式可以进行网络参数更新，在基于监督学习的训练条件下，样本数据的目标位置与目标类别标注是关键步骤。在网络权重更新过程中，将手工标定的目标位置信息与先验框信息进行关联非常关键。首先需要明确正负样本，这里使用交互比 IoU 对于本课题中的目标识别任务进行分析。将图 6-3-5 中由虚线规定为在训练中获得的先验框，而图中实线是期望值，而 $S_{overlap}$ 表示为两个先验框重叠区域的大小，S_{union} 为两个框包括的区域，因此，将交互比 IoU 需要定义为

$$IoU = \frac{S_{overlap}}{S_{union}}$$ （6-3-4）

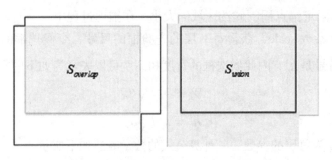

图 6-3-5　交互比 IoU 示意图

在网络权重更新过程中，对于深度网络所自动生成的许多个先验框而言，如果该先验框旁边有人工标定的备选目标，即真值，如果该目标的框与真值框的交互比 IoU 超过一半，则设定这个框中的内容为正样本，否则作为负样本。

对于每个框而言其都会产生一个明确的数值，或正或负。基于这种正负样本确定政策，每个真值和多个正值样本会产生联系，也在一定程度上有效降低了正负样本的不平衡问题。

网络权重更新过程中，训练的目标有两个方面，一个是类别置信度预测，另一个是参数位置的得分评估，因此对应的用于训练的函数也需要两个函数进行说明，其在目标函数的设计中参考了具有多框架性质的损失函数设计方法，通过计算目标所属类别的位置信息、分类信息进行精度回归设计，从而获得每个目标函数。对于每个框的任务来说，在推理网络中，采取 Softmax 方式进行置信概率的推算，其理论依据是交叉熵约束条件下的损失函数，上述计算方式的数学表达如下所示。

$$L_{conf}(x,\ c) = -\sum_{i \in Pos}^{N} x_{ij}^{p} \log(\hat{c}_{i}^{p}) - \sum_{i \in Neg} \log(\hat{c}_{i}^{0}) \quad （6\text{-}3\text{-}5）$$

$$\hat{c}_{i}^{p} = \frac{\exp(c_{i}^{p})}{\sum_{p} \exp(c_{i}^{p})} \quad （6\text{-}3\text{-}6）$$

对于面向位置坐标识别的损失回归函数设计，其采取了光滑 L1-loss 的计算方法，这种方法的数学表达方式为

$$\begin{cases} L_{loc}(x,\ l,\ g) = \sum_{i \in Pos}^{N} \sum_{m \in \{cx,\ cy,\ w,\ h\}} x_{ij}^{k} smooth_{L1}(l_{i}^{m} - \hat{g}_{j}^{m}) \\ \hat{g}_{j}^{cx} = (g_{j}^{cx} - d_{i}^{cx})/d_{i}^{w} \quad \hat{g}_{j}^{cy} = (g_{j}^{cy} - d_{i}^{cy})/d_{i}^{h} \\ \hat{g}_{j}^{w} = \log(\frac{g_{j}^{w}}{d_{i}^{w}}) \qquad\qquad \hat{g}_{j}^{h} = \log(\frac{g_{j}^{h}}{d_{i}^{h}}) \end{cases} \quad （6\text{-}3\text{-}7）$$

综合上面两个目标函数的定义，整个学习网络中总的损失函数需要同时考虑两个目标函数的影响，在这里通过加权和以上两部分损失函数体现，加权参数通过蒙特卡洛方式进行选择，其数学表达为

$$L(x,\ c,\ l,\ g) = \frac{1}{N}(L_{conf}(x,\ c) + \alpha L_{loc}(x,\ l,\ g)) \quad （6\text{-}3\text{-}8）$$

其中 N 为正样本数目。

6.3.4　网络训练的方式描述

由于在针对实际应用背景进行网络训练时，常常存在样本数据库不足的问题，进而导致网络训练不理想。因此，在网络训练前系统需要对样本数据库进

161

行扩充，扩充的方式包括平移、放大所有现有样本集，进而使得标签样本的数量得到扩充。实验结果表明，使用膨胀后的数据库训练，在其他所有权重值与计算条件保持一致的条件下，针对目标数据集，数据扩充能够将目标识别的准确率提高3%～5%，以此我们可以看到，在训练前对数据进行相关处理是有意义的。

在具体的训练过程中，因为每个候选锚点旁边的先验框的样本类型常常为负样本，在这种情况下，在直接训练原始正负样本的情况下，就会出现正负样本比例极度不匹配的情况发生，由于负样本相对正样本过多，因此会影响训练网络权重参数的准确率，降低网络的性能。因此，在训练过程中为实现正负样本的平衡，需要采用特殊方式。在方法上，在不考虑前节提到的将交互比 *IoU* 大于一半的先验框全部都看出正样本的情况下，在权重更新过程中，将会对每一类目标内所有框的类别打分进行排序，序列顺序的依据是损失函数的 Loss 值，通过分析排序值，负样本选择的依据是损失函数的 Loss 值最大，最终的目标是将正负样本的数值限定在 1 ∶ 3 的区域范围内，进而有效的保证正负样本平衡。

在权重更新过程的前期，在 VGG16 结构的基础上增加新的卷积层，使用 Xavier 初始化方法对卷积核中的权重进行初始化，进而保证初始化值更加真实有效。在训练过程中，优化方式选择自适应估计方法（Adam），而不是用随机梯度优化（SGD）进行优化，进而通过加速来提升整个深度网络的收敛效率。Adam 优化方式是一种被广泛应用的以动态学习率为约束条件的参数更新方式，可以为深度网络训练过程中不同的权重参数状态动态地选择适合的学习率参数，从而能够保障学习收敛过程更加稳定有效。在这个过程中，相应的起始学习效率与权重降低，冲量等数值需要针对性调整，其可以在应用过程中根据不同的样本进行针对性设置。

此外，为了进一步提升算法的训练能力，其还引入了迁移学习来提升整个网络的训练效果。这主要是由于对于深度学习模型而言，尽管其已经对数据库进行了扩展，但是对于深度学习任务来说，训练样本的数据量还是不够的。在这里，迁移学习主要是通过对低层网络特征的改善，来提升网络训练的效果，因此迁移学习可以利用现有的数据库进行预训练。迁移学习的应用目标权重基础叠加，首先是从一个数据库中获得基本权重，然后基于这个权重值去提升新学习过程的收敛效率，通过借助迁移学习的思想，可以先采用大量已经存在的数据库（如 ImageNet 数据库）进行前期预训练，在此基础上，权重参数可以直接映射到训练流程里。在本章的应用背景下，在低分辨力约束下的遥感图像目标发现过程中，当一个新的目标类型需要训练时，系统就可以直接使用现有的、训练完成的模型来训练更新，从而提升收敛效率，与此同时，其还能够提高目标识别准确率。这种方法也是一种具有增量性质的学习方式。

在验证过程中，由于算法模型获得了很多个候选框，在不同尺度条件下，这些候选区域能对应的是目标可能是相同的。因此，在训练中，对于每次训练所输出的候选目标区域，都是用使用非极大值抑制方法来进行目标的框间组合，然后根据得分列出序列，分数最多的框作为候选，然后求出旁边区域的另外一些目标框与该候选框的交互比 IoU，筛选出所有不符合条件的框，然后对上述过程继续循环，直至处理完全部的过程，最终获得期望的目标候选框。

6.3.5 算法识别性能结果

系统基于上述小节对深度学习网络结构设计、网络损失目标函数、待检测目标产生方式、网络权重更新方法的说明，通过在目标数据库上进行训练，完成了网络参数选择。对低分辨力要求的三类目标即机场目标、桥梁目标、港口目标，系统通过测试数据库进行了多组测试。可以应用需求要求的不低于 85% 的识别率的要求。相应测试测试结果示意图分别如图 6-3-6、图 6-3-7、图 6-3-8 所示。

图 6-3-6　机场识别结果示意图

图 6-3-7　桥梁识别结果示意图

图 6-3-8　港口目标识别结果示意图

6.4　高分辨力下遥感目标识算法

6.4.1　算法思路描述

在本应用背景中的六类目标中，飞机目标、油罐目标、船舶目标属于高分辨力下的遥感目标，对于高分辨力条件下的这几种目标识别任务而言，虽然 6.3 节提出的方法在某种程度上能够取得较好的识别结果，但是在部分检测结果中仍然存在少数漏检情况发生，这就说明，6.3 节的算法对于高分辨力下的目标还存在一定缺陷。相对于低分辨力下的机场、港口、桥梁等目标，本应用背景下的高分辨力目标皆为封闭型目标。这种封闭型的目标特征相对开放型的目标而言是容易的，但是缺点是目标范围密集、目标尺度不大，不容易发现。而对于多层网络结构而言，在进行多次池化处理后，这种比较小、比较密集的目标区域就会以一种低像素方式体现，因此导致了深层网络的信息特征图分辨率低，进而产生丢失目标、漏检目标的情况发生，因此需要考虑其他方式来检测这类目标。

由于高分辨力下的船舶目标，油罐目标，飞机目标属于结构封闭类型，这类目标的特征具有显著的轮廓，周围环境特征突出，所以对于这一类目标的识别来说其更依赖浅层特征，而不是高层综合特征。因此，经典的以目标特征为依据的方法在进行目标识别时会体现出一定的鲁棒特点，其相应的检测效果也较为平稳。对于现有的遥感目标识别检测算法而言，检测思路大都采用以前期粗检测为基础，后期再经历细致检测的方式，也就是说，即首先对输入图像进行预处理，提取出预计发现目标的候选区域，即感兴趣 ROI 区域，进而在原始图像中率先分割出感兴趣目标预计存在的区域。在此前提下，系统在候选区域的基础上进行下一步的目标识别，精确地实现目标识别过程，并且在明确筛除错误检测区域的条件下，找到期望的待检测目标。对于如何在原始图像的候选区域进行选择，国内外研究人员提出了一些研究思路，包括我国学者描述的以图像中边缘信息和灰度信息基础，再进行自适应阈值分割的方法。还有学者提出了利用多层稀疏编码的方式对图像进行描述，描述子是稀疏特征描述子，在此基础上，根据图像的稀疏性求出显著值，然后再根据显著值完成图像分割进而确定候选目标区域。在候选区域明确后，系统开始对目标进行二次确认流程，很多学者都采取了利用特征描述子来进行寿命待检测目标性质的方式，然后再通过于分类检测器（例支持向量机或者 Adaboost 分类器）等进行进一步的甄别。

结合本应用系统的目标需求，对于高分辨力下的三种封闭目标的识别需要，在算法路线上利用前期大致检测结合后期精细检测的方式。基于这种方法，检测流程能够从两个角度来说明：第一个方面就是前期粗检测，进行候选区域的快速筛选；第二方面则是后期精检测，完成目标的特征确认与识别。以港口旁边的舰船目标识别进行说明，使用经典的机器学习算法开展高分辨力下约束条件下的目标识别的过程如图 6-4-1 所示。

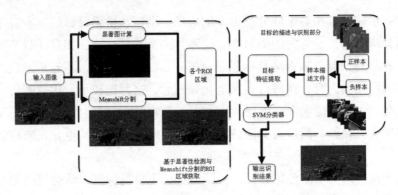

图 6-4-1　高分辨力下遥感图像目标识别流程图

算法的主要步骤：首先针对输入待检测图像，利用优化后的 FT 显著性算法计算输入待检测图像的显著性热图，同时利用均值漂移算法对原始输入图像进行区域分割，并将原图中碎片化的小区域进行合并；其次综合显著热图的计算结论、均值漂移算法划出的候选区域、待检测目标的形状特点，进行每个感兴趣候选目标 ROI 区域的逐步筛选。针对这种方式获取到的观测样本信息，以负正样本 3 ：1 的方式构建样本观测样本数据库，然后生成样本特征字，并通过样本特征子设计有效的目标特征，再进行目标特征的描述和识别，接下来将目标特征子送入分类检测器（例如支持向量机或者 Adaboost 分类器）进行学习，输出可供后续识别的支持向量；最后对获得的各个感兴趣目标候选区域进行目标特征的描述识别，然后将这些特征和描述子输出至已经完成训练的分类检测器中，并输出识别效果图。

6.4.2　感兴趣区域目标提取方法

人类生物视觉的选择注意机制指导视觉显著性机制约束条件下的感兴趣区域分割过程，这种视觉选择性机制会将输入信息中具有显著性特征的区域确定为感兴趣区域，这种感兴趣区域可以通过局部光学特征的像素聚集形成。由于高分辨力下的目标的尺度范围相对完整输入图像来说是非常非常小的，所以图像中呈现的多为没有目标的环境背景区域，因此在前期预处理中，尽快确定目标可能存在的区域范围，在输入信息中降低大量的冗余信息，分割出与期望目标具有较高近似度的感兴趣区域是非常有意义的，因此在这里使用视觉显著性来进行区域提取。

人类的生物视觉感受视野在关注某一个场面时会有区分度的、针对性的提取视野场景中的感兴趣关键要素，这种提取关键信息要素的视觉信息处理方式被定义为人类视觉系统的注意力选择机制，这种机制有助于帮助人类大脑剔除冗余信息。国际上的相关学者提出了许多视觉显著性检测的数学模型，系统通过这种模型去仿生人类视觉系统的视野信息选择机制。在模型的分类上，主要有两类思路：第一类是自底向上的以数据为依据，进行显著性检测的方式方法，这类视觉显著性检测方法较为常用的操作是利用图像频谱残差、光流、对比度等要素来考量图像中各个部分的显著性程度；第二类是自顶向下型的以先验知识为依据的视觉显著性模型，在该思想引导下，系统通常是根据垂直场景的应用需求计算显著图的，其利用先验知识去引导自底向上的检测结果，实现诸如位置特征、轮廓特征、尺度特征等特征融合，然后再进入适应性的整合与调整。这种思路与人类视觉选择机制的方式类似，因此对应的显著性模型要比自底向上的模型复杂。

在本应用系统中，利用图像的颜色特征作为特征描述子，通过图像颜色特征的显著性分布来获得输入信息的颜色空间显著图，然后再基于这种视觉显著图，进行感兴趣 ROI 区域提取，上述方式的实现流程如图 6-4-2 所示。

对于感兴趣区域提取的算法步骤流程，描述如下。

①对于输入的图像信息，以图像的颜色特征为例，获取颜色的特征分布，然后利用视觉显著性检测算法计算每个像素的显著值 $S(x, y)$ 并生成显著图像，将显著图像输入下一层进行针对性处理。

②求出颜色显著图的平均显著值参数 $Smean$。

③针对待检测的输入信息首先进行高斯处理，将完成滤波处理后的图像用均值漂移算法完成划分，与此同时，使用聚类方法处理碎片区域，让背景信息尽量聚集。

④检测的依据是相通的空间，在图像目标的物理特征约束的条件下删掉场景部分，在此基础上，获得感兴趣区域，将每个区域（k）的显著值 $S(k)$ 与前面提到的平均显著值参数 $Smean$ 进行对比，如果 $S(k)$ 大于两倍的 $Smean$ 参数的条件满足，就存下该区间，否则不关心该区域，输入下一层进行进一步筛选。

⑤以目标的形状特征作为依据，对步骤④中保留的区域进行挑选，在此基础上，整合为一片区间。

⑥结合原始输入图像信息，给出最终 ROI 候选区域。

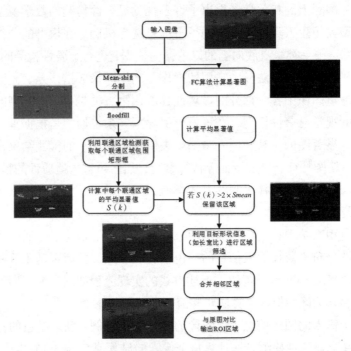

图 6-4-2　ROI 区域提取过程

在上述过程中，图 6-4-3 给出了输入图像的显著性检测流程，显著图计算过程中主要选择图像在颜色模型空间的亮度特征和颜色特征。这种显著性计算方式中，对于输入信息，系统需要首先对输入图像进行噪声消除处理，使用的技术手段是高斯滤波，基于这种方式获得的显著值数学表达为

$$S(x,\ y) = \left\| I_\mu - I_{\omega hc}(x,\ y) \right\| \qquad (6\text{-}4\text{-}1)$$

其中 $S(x,\ y)$ 为输入图像中像素点的显著值，该像素点的坐标为 $(x,\ y)$。式中 I_μ 是图像经过高斯去噪声后转换到颜色模型空间的每个通道中，数学表达式为

$$I_\mu = \begin{bmatrix} L_\mu \\ a_\mu \\ b_\mu \end{bmatrix} \qquad (6\text{-}4\text{-}2)$$

其中 L_μ，a_μ，b_μ 分别为 L 通道，a 通道，b 通道的颜色平均值。

$I_{\omega hc}(x,\ y)$ 则为像素点 $(x,\ y)$ 转换到颜色模型空间后的颜色描述子，数学表达如下。

168

$$I_{\omega hc}(x,\ y) = \begin{bmatrix} L_{\omega hc} \\ a_{\omega hc} \\ b_{\omega hc} \end{bmatrix} \tag{6-4-3}$$

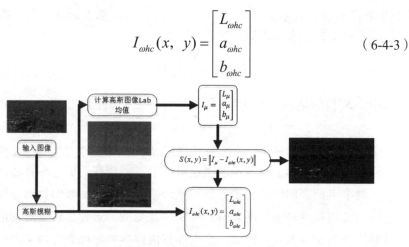

图 6-4-3　输入图像的显著图获取过程

通过上述计算，利用视觉显著检测的方法所得到的待检测目标的显著特征图和原输入图像中待检测目标的对应关系如图 6-4-4 所示。

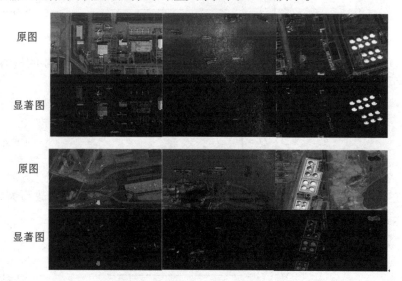

图 6-4-4　高分辨力图像显著图

图 6-4-2 中的均值漂移算法是一种聚类算法，这种均值漂移算法是不包含参数的，主要是对目标的特征进行聚类处理，计算方式采用的是概率密度估计方法。在这种形式的聚类计算法方法中，不需明确聚类类型的具体数量，对聚类的区间范围也没有限制。算法的特征空间在数学上的意义是一种函数形式，体现的是统计学中的后验概率。在数学描述上可以描述为对于某个 d 维空间

169

Rd 中 n 个样本点，表示为 $x_i(i=0,1,2,3,\cdots,n)$，那么对于 x 点，该点对应的均值漂移向量可以描述为如下数学表达式。

$$M_h(x) = \frac{1}{k}\sum_{x_i \in S_h}(x_i - x) \qquad (6\text{-}4\text{-}4)$$

其中，S_h 指的是一个半径为 h 的高维球区域。S_h 的定义为

$$S_h(x) = (y\,|\,(y-x)(y-x)^T \leqslant h^2) \qquad (6\text{-}4\text{-}5)$$

由于在垂直应用背景中，在高维球区域 S_h 内，每一个元素对于 x 的贡献力是不一样的。因此，为了有效地说明这里情形，需要在均值漂移算法向量的描述中引入两个名词，即样本权重参数和核函数。引入核函数的目标是保证观测样本之间的几何长度是能够随着偏移度发生改变的，这种偏移度对均值漂移算法向量的影响会发生改变。因此，当增加权值样本和核函数这两个名词后，均值漂移算法向量的数学表达式为

$$M_h(x) = \frac{\displaystyle\sum_{i=1}^{n} G_H(x_i - x)\omega(x_i)(x_i - x)}{\displaystyle\sum_{i=1}^{n} G_H(x_i - x)\omega(x_i)} \qquad (6\text{-}4\text{-}6)$$

式中，$G(x)$ 是计算中需要的核函数形式，$\omega(x_i)$ 是计算中需要的权值参数。H 则是具有正定性质的带宽矩阵。H 的数学表达形式如下。

$$H = \begin{pmatrix} h_1^2 & 0 & \cdots & 0 \\ 0 & h_2^2 & \cdots & 0 \\ \vdots & \vdots & \ddots & \vdots \\ 0 & 0 & \cdots & h_d^2 \end{pmatrix}_{d\times d} \qquad (6\text{-}4\text{-}7)$$

在这种情况下，引入核函数与权重的均值漂移算法向量可以改写为如下数学表达式。

$$M_h(x) = \frac{\displaystyle\sum_{i=1}^{n} G(\frac{x_i - x}{h_i})\omega(x_i)(x_i - x)}{\displaystyle\sum_{i=1}^{n} G(\frac{x_i - x}{h_i})\omega(x_i)} \qquad (6\text{-}4\text{-}8)$$

从上述描述我们可以看到，均值漂移算法在数学上可以描述为一种统计意义，体现的是具有正则化特征的概率意义，每个样本数据在矢量方向上的权值平均体现的是概率函数的梯度方向，可以说均值漂移算法是一种采用概率密度梯度的特征，进而获得到样本点中局部最优解的方法。

对于图像处理主要目标分割技术而言，这里主要依据图像中体现的坐标信息和颜色信息进行划分。因此，系统可以通过寻找每一个像素点的颜色与坐标类的核心区域进行分割，而在聚类算法中，所有核心区域的点都能够看成一种簇形式。因此，在采用均值漂移算法对输入图像进行分割时，输入图像上的所有坐标为 (x, y) 的元素，能够与 RGB 色彩值空间形成维度为 5 的数组形式，表示为 (x, y, r, g, b)，基于均值漂移算法的算法机理，为了获得 5 维数组中最稠密的位置，可以采用扫描方式进行。从输入信息的角度来看，所有元素的空间位置，与三通道颜色空间的色彩变化差别较大，因此人们可以看到，针对这两类维度向量而言，在聚类算法中人们需要采用不同的方式处理，两种方式的不同之处在于尺度不一致。当不同尺度的均值漂移窗口实现滑动时，在完成漂移窗口转换后，收敛至相同极值的元素能够构建成共同的聚类网络，这个网络能够融合相关的簇信息，这种映射与转换作用对于图像而言就实现了区域分割效果。对于本章的应用背景，利用均值漂移算法分割后的示意图如图 6-4-5 所示。

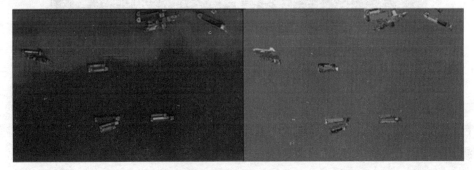

图 6-4-5 均值漂移算法区域划分效果示意图

在获得均值漂移算法所处理的区域图中的各个小区域后，还有一些碎片化的小区域，为了不遗漏小目标，系统还需要通过待检测目标的形状特征进行筛选。具体方式可以依据每个连接区间的面积，区域比例等形状信息进行筛选，对于完成筛选的特征区间，联合视觉显著性检测的结论，从而获得每个感兴趣区域的显著值平均值 $S(k)$，并将 $S(k)$ 与每幅输入特征图的平均值 $Smean$ 进行对比操作，再对区域分割结果进行进一步的筛选。筛选原则是，如果这个区域，同时将显著度差别不大的旁边区域组合到一起，构成一个完整的邻居显著性区域，其被当成候选的感兴趣区域，其他情况作为背景信息处理，通过上述处理，最终的 ROI 区域示意图如图 6-4-6 所示。

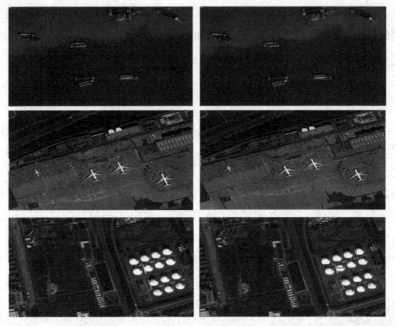

图 6-4-6　ROI 区域提取结果示意图

6.4.3　目标识别方法

在获得感兴趣候选区域之后，系统需要为感兴趣区域中的目标选择恰当的目标特征描述标记，在此基础上，系统采用分类检测器输出负样本信息与待检测目标之间存在的分割位面函数。在本章应用背景下，高分辨力遥感目标的常见类型是飞机目标、油罐目标和舰船目标等小范围的目标，这种目标的识别挑战是这类目标的种类繁多，可能由型号不同产生尺度匹配问题。在训练样本集中，对于相同的目标在成像方式、图像明暗度等方面也是不一致的。其优点是由于在高分辨力下目标的轮廓特征比较突出，相对于场景信息是一种封闭的形式，这种形状特征是比较特殊的。因此，在目标识别算法设计过程中，目标特征描述子的设计需要考虑能够体现目标的形状和轮廓信息，同时针对所提取的特征信息需要在尺度和旋转方面满足某些程度的不变性。

针对本应用背景的目标特性，其在目标识别过程中用到了目标形状特征及hog 梯度方向的变化分布图等特征信息。轮廓信息是油罐目标、舰船目标和飞机目标的非常重要的特征体现，这类目标的几何形状特征比较明显，尽管飞机目标、舰船目标在不同场景下的停泊位置、颜色程度、规模大小各有不同，但是这类目标的结构完整性方面是相同的，因此在构造目标特征表示向量时，所设计的目标形状特性描述向量就需要具有三个性质，即缩放不变、平移不变、旋转不变。因为图像的矩参数融合了图像多个层面的信息，包括在图像中的目标位置，图像尺度、待检测目标的角度及目标框架等方面的目标特征，因此在算法设计中常常使用图像的矩信息对形状全局特征进行描述。

在数学描述中，对于一个离散型随机变量 X，常数 c，正整数 k，那么将 $E(|X-c|^k)$ 定义为 X 关于 c 的 k 阶矩。在 $c=0$ 的情况下，将 $E(|X|^k)$ 定义为变量 X 的 k 阶原点矩，在当 $c=E(x)$ 时，把 $E(|X-c|^k)$ 看成变量 X 的 k 阶中心矩。而针对另外一种情况，对于经典的离散型灰度图像来说，我们能够将图像看成是一个平面，这个平面的参数厚度是不一致的，这种图像在元素 (x, y) 处的黑白数值，我们在数学中可以视为该平面这个元素上的向量密度值，因此对于整个图像而言，其就可以看成是一个两维尺度的概率密度函数。

关于原点矩的数学表达式，对于一个尺度为 $M \times N$ 的离散灰度图像，假设这个图形在像素 (x, y) 处的数值为 $f(x, y)$，因此针对这个图像，它的 $p+q$ 阶原点矩则可以表达为如下的数学形式。

$$m_{pq} = \sum_{x=1}^{M} \sum_{y=1}^{N} x^p y^q f(x, y) \qquad （6\text{-}4\text{-}9）$$

在上述数学表达式的基础上，中心矩的数学表达形式为

$$\mu_{pq} = \sum_{x=1}^{M} \sum_{y=1}^{N} (x-x_c)^p (y-y_c)^q f(x, y) \qquad （6\text{-}4\text{-}10）$$

在上式中，将 p, q 等于 0 的情况体现在公式里就能够计算出图像的 1 阶原点矩和 0 阶原点矩的数值，相应的数学表达式为

$$0 \text{ 阶矩：} \quad m_{00} = \sum_{x=1}^{M} \sum_{y=1}^{N} f(x, y) \qquad （6\text{-}4\text{-}11）$$

$$1 \text{ 阶矩：} \quad \begin{aligned} m_{01} &= \sum_{x=1}^{M} \sum_{y=1}^{N} y f(x, y) \\ m_{10} &= \sum_{x=1}^{M} \sum_{y=1}^{N} x f(x, y) \end{aligned} \qquad （6\text{-}4\text{-}12）$$

因为图像的整个灰度值总和的数学表达就是零阶原点矩形式，因此，图像的质心参数就是利用这两个矩进行求解，质心参数相应的坐标为

$$(x_c = \frac{m_{10}}{m_{00}}, \ y_c = \frac{m_{01}}{m_{00}}) \qquad （6\text{-}4\text{-}13）$$

图像的 2 阶矩可以有三个描述，分别为 m_{11}、m_{02}、m_{20}，这些矩信息可以用

来描述目标图像的主轴等多维信息。Hu 矩主要是基于图像的 2 阶中心距、3 阶中心矩协同构建。在构建的过程中，为了降低目标尺度变化等因素对图像的损害，系统可以定义一种归一化的中心矩，相应的数学表达为

$$\eta_{pq} = \frac{\mu_{pq}}{\mu_{00}{}^{\gamma}} \tag{6-4-14}$$

在上式中，$\gamma = \dfrac{p+q}{2}$，$p+q = 2,\ 3,\ \cdots$。

具有方向属性的梯度直方图（HOG）特征作为一类经典的特征提取方式，是一个在信息处理中较为常用的技巧。在计算视觉算法领域中，局部图像的目标特征能够通过两种方式描述，一种方式是图像梯度信息，另外一种方式是图像的边缘信息，而 HOG 特征在构造过程中，就是以第一种图像的梯度统计信息为计算依据。因此，Hog 所构造的特征能够表达边缘，梯度等局部特征信息。

HOG 特征的提取的方法是首先将图像分为若干个小块联通区域，如图 6-4-7 表示的那样叫作细胞单元，然后面向分块后操作的分布区域进行处理，处理内容是排列组合并计算梯度直方图。

在实际的设计方法方面，计算输入信息中所有像素点的方向信息、梯度矢量，对应的计算方法是利用列矩阵 [1, 0, -1] 和行矩阵 [-1, 0, 1] 与输入的信息完成卷积操作，进而取得输入信息在 x 方向和 y 方向上的梯度信息 I_x 和 I_y。然后，通过计算公式计算图像在点（$x,\ y$）处梯度的幅值信息 $M(x,\ y)$ 和方向信息 $\theta(x,\ y)$，相应计算公式的数学描述及表达方式如下所示。

$$M(x,\ y) = \sqrt{I_x{}^2 + I_y{}^2} \tag{6-4-15}$$

$$\theta(x,\ y) = \tan^{-1} \frac{I_y}{I_x} \in [0,\ 360°)\, or \in [0,\ 180°) \tag{6-4-16}$$

在图 6-4-7 的基础上，将输入图像进行分解，每个分解单元叫作细胞单元。对于分解后的每个小细胞单元进行统计计算操作，主要是统计这个细胞结构的梯度直方图信息。针对每个细胞单元，我们都可以计算出一个统计值，利用这个统计结果构成这个细胞架构的目标特征描述因子。然后，为了进一步保证这种特征有优质尺度不变性和亮度不变性，把 4 个细胞结构进行组合，再将其扩展为一个大的单元来使对比度参数实现归一化形式。对于每个单元块，需要将其包含的一切细胞结构进行拼接，融合为总的特征向量，输出的关于原图的 HOG 描述向量形式，如图 6-4-8 所示。

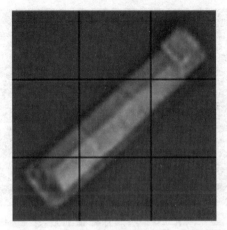

图 6-4-7 船舶目标的 Hog 计算过程示意图

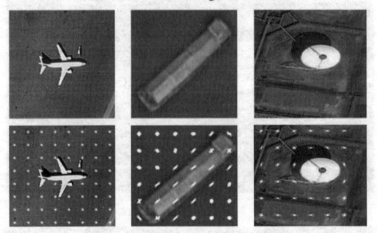

图 6-4-8 样本的 HOG 特征示意图

在得到描述特征 $Vector_{H-HOG}$ 后，利用支持向量机这类分类器对样本数据库开展学习，进而完成对 ROI 区域的目标确认与目标识别。通过以上流程，在高分辨力条件下，遥感图像中船舶目标、油罐目标、飞机目标和识别结果如图 6-4-9 至图 6-4-11 所示，通过样本集的测试，目标识别率高于应用背景所需求的 85%。

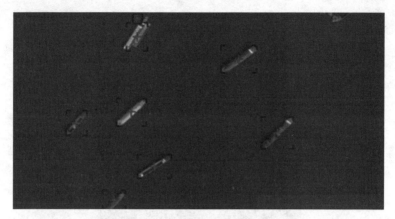

图 6-4-9　船舶目标识别结果

图 6-4-10　油罐目标识别结果

图 6-4-11　飞机目标识别结果

第 7 章 基于多核学习的数字图像分类

数字图像分类是机器学习和模式识别的重要应用场景之一，其核心问题是特征提取，传统的基于单核学习的特征提取方法在描述待检测目标特征时有个数的瓶颈，很难处理有挑战和精度要求高的任务。因此，作为先进机器学习的另一个应用案例，本章面向数字图像分类问题，重点介绍如何利用多核机器学习方法提取图像特征，进而解决数字图像分类问题。

7.1 基于多核映射的图像特征提取架构

7.1.1 基于图嵌入的特征提取

图学习方法是流形学习算法中的一个子方向。这种方法的思想是，首先要设计原始样本数据点和需要设计的图中感兴趣点的权重关系，这种关系是映射的。在此基础上，设计数据点之间的映射关系，然后再进一步设计图中边缘之间的一一映射关系。通过上述几种对应关系的设计，人们能够将样本数据信息以一个图的形式表示，也就是将原始数据与图形进行对应，然后可以把目标函数嵌入流形学习的框架之下，在图上定义图矩阵，定义矩阵的谱特征信息与数据的内在结构之间存在相似性，从而可以通过矩阵信息对结构信息进行描述。由于图方法本身可以看成是一种凸优化的数学问题，因此能够求得全局最优解，所以在机器学习方法中得到相关学者广泛的关注。

对于一个图而言，图嵌入映射在数学上描述为图中顶点的优质低维向量表示，在这个过程中，这类图中的顶点期望能最优地体现出图中数据对之间的相似关系。通过保留计算的方式，人们可以得到图中的顶点对之间的相似关系，同时可以将对应于数据的每个顶点表示为低维向量的形式，这种表述方式能够较好地体现出数据库所含有的几何特征。在此基础上，解析出拉普拉斯矩阵的特征向量值，就可以得到以低维向量表示的顶点映射。

把图写为 $G = \{X,\ W\}$，令数据库的点 $X = \{x_i,\ \cdots,\ x_N\}$，目标优化方程的数学表达为

$$y^* = \arg \min_{y^T By = c} \sum_{i \neq j} \|y_i - y_j\|^2 W_{ij} = \arg \min_{y^T By = c} y^T Ly \qquad (7\text{-}1\text{-}1)$$

常用的三种扩展方式包括核扩展方式、线性扩展方式和张量扩展方式。

上面是利用图嵌入操作输出核扩展方式，是一种由线性图嵌入的核化形式转变而成的，形成一个嵌入方式，因此为了应用上的理解，这里的数学表达式如下。

$$w^* = \arg \min_{\substack{w^T XBX^T w = c \\ or\ w^T w = c}} \sum_{i \neq j} \|w^T x_i - w^T x_j\|^2 W_{ij} = \arg \min_{\substack{w^T XBX^T w = c \\ or\ w^T w = c}} w^T XLX^T w \qquad (7\text{-}1\text{-}2)$$

线性图嵌入在映射计算和类别统计方面有一些效率优点，但劣势是在面对非线性应用问题时效率会急速下降，因此可以转变一种方式，将线性图嵌入完成一种核化方式处理操作，进而得到图的嵌入效果。假设这种核函数的投影向量为 $w = \sum_i \alpha_i \Phi(x_i)$，将 w 带入式（7-1-2）中，由于在计算汇总会出现 $\Phi(x)$ 的内积形式，所以为了计算方便，可以引入核矩阵的方式表示，设核矩阵 $K_{ij} = \Phi(x_i) \cdot \Phi(x_j)$。由此得到的目标方程数学表达式如下所示。

$$v^* = \arg \min_{\substack{v^T KBKv = c \\ or\ v^T Kv = c}} \sum_{i \neq j} \|v^T K_i - v^T K_j\|^2 W_{ij} = \arg \min_{\substack{v^T KBK^T v = c \\ or\ v^T Kv = c}} v^T KLK^T v \qquad (7\text{-}1\text{-}3)$$

由上式得到如下的数学表达式：

$$\min_v \sum_{i,\ j=1}^N \|v^T x_i - v^T x_j\|^2 w_{ij} \qquad (7\text{-}1\text{-}4)$$

$$\text{subject to } \sum_{i=1}^N \|v^T x_i\|^2 d_{ii} = 1 \text{ 或 } \sum_{i,\ j=1}^N \|v^T x_i - v^T x_j\|^2 w_{ij}' = 1 \qquad (7\text{-}1\text{-}5)$$

通过上述形式我们可以看出，通过这种方式进行计算即可构造多种降维方法，在表 7-1-1 中给了一些纬度约减方式及对应的参数。

表 7-1-1　几种降维方法所利用的具有相关意义的矩阵

算法	相似性矩阵	扩展类型
LDA 算法	$w_{ij} = \begin{cases} 1/n_{y_i} & \text{仅当} y_i \text{和} y_j \text{同类别} \\ 0 \end{cases}$ $w_{ij}' = 1/N$	核扩展类型

算法	相似性矩阵	扩展类型
LDE 算法	$w_{ij} = \begin{cases} 1 & \text{仅当}y_i\text{和}y_j\text{同类别且}x_i\text{和}x_j\text{互为}k\text{近邻} \\ 0 & \end{cases}$ $w_{ij}^{'} = \begin{cases} 1 & \text{仅当}y_i\text{和}y_j\text{不同类别且}x_i\text{和}x_j\text{互为}k\text{近邻} \\ 0 & \end{cases}$	线性扩展类型
LPP 算法	$w_{ij} = \exp\{-\|x_i - x_j\|^2 / t\}$，当$x_i$和$x_j$互为$k$近邻 $B = D$	线性扩展类型
ISOMAP 算法	$w_{ij} = \tau(D_G)_{ij}$；$B = I$	核扩展类型
LLE 算法	$w = M + M^T + M^T M$；$B = I$	线性扩展类型

7.1.2 基于多核映射的图像特征提取原理

本章从图像特征提取的角度，通过双迭代法求解目标方程所要求的系数相关量、权重参数值，并以此为基础，研究了算法架构，进行多核矩阵设计，多核矩阵 K 的数学表达方式如下所示。

$$K_m(i, j) = k_m(x_i, x_j) = \exp(\frac{-d_m^2(x_{i,m}, x_{j,m})}{\sigma_m^2}) \qquad （7\text{-}1\text{-}6）$$

多核矩阵的设计有很多方法，相关学者提出，可以使用 Fisher 判别准则标准进行预先求解，计算出单个核函数权重后再考虑其他问题。另一种思想是基于优化思想的多核函数设计方法，可以通过处理优化问题进行解析，但是由于这种求解出的权重参数是有不足的，不足之处在于对于数据的内容比较敏感，这个过程的多核矩阵的形式如下。

$$K^{(i)} = \begin{pmatrix} K_1(1, i) & \dots & K_M(1, i) \\ \vdots & \ddots & \vdots \\ K_1(N, i) & \cdots & K_M(N, i) \end{pmatrix} \in R^{N \times M} \qquad （7\text{-}1\text{-}7）$$

由于关键组成的因素是基本核矩阵，所以其在组合矩阵中的位置在向量对角线上。因此，使用这种方式构造多核矩阵，在应对具有局部变化数据分布结构的数据库场景时，得到融合整理后的多核函数的数学表达式如下。

$$k(x_i, x_j) = \sum_{m=1}^{M} \beta_m k_m(x_i, x_j), \quad \beta_m \geq 0 \qquad （7\text{-}1\text{-}8）$$

对应的多核组合矩阵形式如下。

$$K = \sum_{m=1}^{M} \beta_m K_m, \quad \beta_m \geq 0 \qquad (7\text{-}1\text{-}9)$$

在支持向量机 SVM 机器学习方法中针对简单二分类任务，使用最为广泛的多核目标函数的数学表达式如下。

$$f(x) = \sum_{i=1}^{N} a_i y_i k(x_i, \ x) = \sum_{i=1}^{N} a_i y_i \sum_{m=1}^{M} \beta_m k_m(x_i, \ x) + b \qquad (7\text{-}1\text{-}10)$$

对于上式，在求解多核目标函数过程中，需要构造拉格朗日乘子 $\{\alpha_i\}_{i=1}^{N}$ 和核权重系数 $\{\beta_m\}_{m=1}^{M}$，这两个参数是需要进行优化求解的。这两个参数也是在多核映射过程中的重要参数，是图嵌入方法中设计目标函数中的重要因素。相关的数学表达式为

$$v^{\mathrm{T}} \varPhi(x_i) = \sum_{n=1}^{N} \sum_{m=1}^{M} \alpha_n \beta_m k_m(x_n, \ x_i) = \alpha^{\mathrm{T}} \mathrm{K}^{(i)} \beta \qquad (7\text{-}1\text{-}11)$$

其中 $\alpha = [\alpha_1 \cdots \alpha_N]^T \in \mathrm{R}^N$，$\beta = [\beta_1 \cdots \beta_M]^T \in \mathrm{R}^M$。

$$\mathrm{K}^{(i)} = \begin{pmatrix} K_1(1, \ i) & \dots & K_M(1, \ i) \\ \vdots & \ddots & \vdots \\ K_1(N, \ i) & \cdots & K_M(N, \ i) \end{pmatrix} \in \mathrm{R}^{N \times M} \qquad (7\text{-}1\text{-}12)$$

$$\min_{v} \sum_{i,j=1}^{N} \left\| v^T x_i - v^T x_j \right\|^2 w_{ij} \qquad (7\text{-}1\text{-}13)$$

$$\mathrm{subject\,to} \ \sum_{i=1}^{N} \left\| v^T x_i \right\|^2 d_{ii} = 1 \ \text{或} \ \sum_{i,\,j=1}^{N} \left\| v^T x_i - v^T x_j \right\|^2 w_{ij}' = 1 \qquad (7\text{-}1\text{-}14)$$

在上述数学表达基础上，人们可以得到通过纬度约减的多核图嵌入目标方程，该目标方程的数学表达为

$$\min_{\alpha,\ \beta} \sum_{i,\,j=1}^{N} \left\| \alpha^T \mathrm{K}^{(i)} \beta - \alpha^T \mathrm{K}^{(j)} \beta \right\|^2 w_{ij} \qquad (7\text{-}1\text{-}15)$$

$$\mathrm{subject\,to} \ \sum_{i,\,j=1}^{N} \left\| \alpha^T \mathrm{K}^{(i)} \beta - \alpha^T \mathrm{K}^{(j)} \beta \right\|^2 w_{ij}' = 1 \ ,$$

$$\beta_m \geq 0, \ m = 1, \ 2, \ \cdots, \ M \qquad (7\text{-}1\text{-}16)$$

7.2　基于多核映射的图像识别算法

7.2.1　基于多核映射的图像识别算法流程

本节设计的算法程序以两种图嵌入架构特征提取方法为主，一种是于多核映射的线性判别分析（MKL 方法与 LDA 方法）的特征识别方法，另外一种是局部映射判别嵌入（MKL 方法和 LDE 方法）的特征识别方法。这两种方法在统一的程序架构中实现，实现过程中的三个主要环节是训练样本预处理、样本训练和测试分类，对应的算法程序流程图如图 7-2-1 所示。

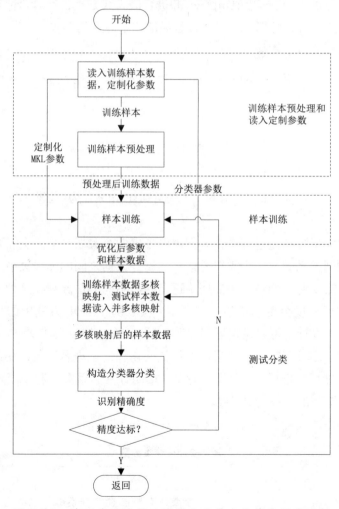

图 7-2-1　基于多核映射的图像分类算法的算法程序流程

7.2.2 样本预处理和定制参数

样本预处理和定制参数是先进机器学习中的重要步骤，在这个过程中主要步骤描述如下。

①在数据预处理部分，首先处理原始数据库中的图像训练数据，将样本数据转换为向量表达形式，在此基础上将数据向量整合形成数据矩阵。

②在参数选择方面，对于基本核函数参数地选取及初值设定，可以将读入参数或将离线选择的各个基本核函数的最优参数作为初始化参数进行设置，多核函数的选择初始化选取最优核组合类型。

③将惩罚矩阵 w'_{ij} 与近似矩阵 w_{ij} 和进行嵌入式处理，针对两种判别方式，一种是线性关系分析的形式，另一种是局部关系嵌入的形式。

线性判别分析形式如下。

$$w_{ij} = \begin{cases} 1/n_{y_i}, & \text{仅当} y_i \text{和} y_j \text{同类别} \\ 0 \end{cases} \qquad w'_{ij} = 1/N$$

局部判别嵌入形式如下。

$$w_{ij} = \begin{cases} 1 & \text{仅当} y_i \text{和} y_j \text{同类别且} x_i \text{和} x_j \text{互为} k \text{近邻} \\ 0 \end{cases}$$

$$w'_{ij} = \begin{cases} 1 & \text{仅当} y_i \text{和} y_j \text{不同类别且} x_i \text{和} x_j \text{互为} k \text{近邻} \\ 0 \end{cases}$$

在相似度矩阵构建过程中，人们需要考虑两个关系，第一个需要考虑数据点之间的类别关系，第二个需要考虑相同属性数据之间的邻居关系。惩罚矩阵设计过程中需要考虑到数据为邻居临近但属性不同的情况，在这种考虑下，类间数据点的区分度会更加明显，有利于分类。对于 LDE 方法中的相似性矩阵和惩罚矩阵的设计，可以设定近邻关系数量 k，在这里 k 为 2。

④而对于多核函数，需要考虑参数初始化和优化排名情况，在首先寻优多核权重系数过程中选择 β，允许提前设置格朗日乘子系数，利用矩阵向量 A 的形式表示，矩阵的的值为 $AA^T=I$。

在上述描述基础上，相应的专属参数如表 7-2-1 所示。

表 7-2-1　专属参数

序号	参数描述
1	每类样本所包含的样本数
2	样本数据所在场所

续 表

序号	参数描述
3	训练样本属性信息
4	测试样本数量 N_{tst}
5	训练样本种类数量 S
6	F 样本的数据格式
7	训练样本数量 N_{trn}

样本训练过程主要由两部分组成，第一部分是多核函数的构造过程，第二部分是多核函数优化求解过程，对应的算法程序流程如图 7-2-2 所示。在多核函数的构造过程，主要的计算工作是构造多核矩阵。在相似矩阵构造过程中需要根据两个矩阵进行计算，第一个矩阵是相似性矩阵，用 w_{ij} 表示，第二个矩阵是惩罚矩阵，用 w'_{ij} 表示。

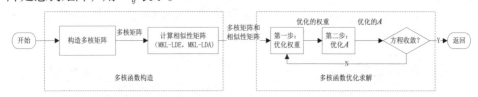

图 7-2-2 样本训练部分的算法程序流程图

多核目标函数的优化求解过程可以转换为两个过程，第一个过程是转化为面向拉格朗日乘子系数矩阵 A 寻优解析，第二个过程是面向权重系数 β 的寻优解析。在求解过程中，人们可以利用优化目标方程进行优化求解，当优化方法分别收敛时，多核目标方程也可以作为收敛方式处理。通过这种处理，具体的算法程序流程图如图 7-2-3 所示。

图 7-2-3 样本数据分类程序流程图

在对测试样本数据的预处理方法方面，我们可以通过如下的计算方式进行。

$$z \to A^T K^{(z)} \beta \qquad (7\text{-}2\text{-}1)$$

其中 $K^{(z)} \in R^{N \times M}$，并且 $K^{(z)}(n, m) = k_m(x_n, z)$。为了得到训练样本数据的映射向量 $x^n \to A^T K^{(n)} \beta$，我们可以应用相同的计算方法。为了求得从属于同一类别的训练样本数据，这里对映射向量进行一组平均数学运算操作，在获得每

183

个类别的统一均值向量后，在后续测试分类过程中，将这个向量作为判断标准向量，进而测试样本数据所属类别的属性。

7.3　实验结果

为了比较基于多核映射的图像分类算法的应用效果，在实验部分要相应对比各方法的实验结果，对比方法是利用普通图嵌入方法构造核函数，利用核判别嵌入方法、主成分分析方法、核判别分析方法、核局部保持映射方法和核主成分分析方法五种特征提取方法，这几种算法的算法流程与基于多核方式的算法流程一直在实验过程中，在程序框架之中加入上述五种方法，以便能够进行明显的对比实验。算法的流程图如图 7-3-1 所示，整体架构仍然是基于图嵌入架构的方式，这种架构也保证了对比的条件一致性。

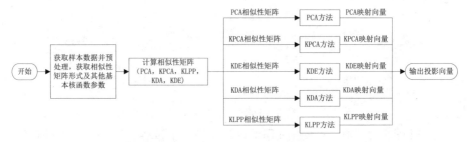

图 7-3-1　基于图嵌入架构的特征提取方法算法对比流程

在这五种特征提取方法的研究中，核判别嵌入方法，核判别分析方法，核局部保持映射方法和核主成分分析方法采用相同的核函数进行映射，在这里核函数采用 Gaussian 核函数，Gaussian 核函数的参数 σ 应基于蒙特卡洛方法选取一个最合适的参数值。而 MKL-LDE 多核方法和 MKL-LDA 多核方法选用相同的 8 核形式，即 Exponential 核函数，Sigmoid 核函数，Laplacian 核函数，Multiquadric 核函数，Polynomial 核函数，Cauchy 核函数和 RationalQuadratic 核函数，Gaussian 核函数。分类的实施过程中，首先需要得到基于特征提取方法映射获得的特征向量，然后采用最近邻分类法进行分类，分类方式和 MKL-LDA 方法、MKL-LDE 方法保持一致。

实验所应用的数据库包括 ORL 数据库、YalefacesDatabase 数据库、IrisPlantsDatabase 数据库、ImageSegmentationDatabase 数据库。YalefacesDatabase 数据库挑选自耶鲁大学的研究机构，这个研究机构是该校的计算视觉与控制中心，数据库内容包括 15 个不同类型人的 165 幅图像数据，每个人的图像都有区别，区别主要体现在表情差异、是否配戴眼镜、光线角度等方面。IrisPlantsDatabase 数据库是相关研究人员非常喜爱使用的鸢尾花（Iris）数据库。该数据库由加州大学欧文分校提供，是被广泛使用验证算法的机器学习数据库。鸢尾花数据库有上百个标准数据库，这里的鸢尾花数据库是学者费希尔（R.A.Fisher）设计的，包含三种类别形式的鸢尾花，每类的图像数量是 150 个，图片的特点是各个种类鸢尾花的花瓣和花萼的长宽是不一样的。ImageSegmentationDatabase 数据库是由马萨诸塞大学提供，包含七种类型数据，如天空、叶片、路径等，每种类型共包含三百多张图像，图片中在场景视线，颜色空间，场景边界信息等方面有区分度。

对比实验在上述 4 个数据库内分别进行，所使用的图像分类方法包括多核 MKL-LDA 方法、多核 MKL-LDE 方法、单核 PCA 方法、单核 KPCA 方法、单核 KLPP 方法、单核 KDA 方法和单核 KDE 方法，对于每个方法中的参数及优化方式，均需要经过优化过程进行择优选取。

在 ORL 数据库中，实验所用数据是 30 个志愿者提供的共 300 幅图像，使用 7∶3 比例划分训练数据和测试数据，因此其中 210 张图片是作为训练数据使用，1 个志愿者选出 7 张图片，90 张图片是作为测试数据使用，1 个志愿者选出 3 张图片。对比上述单核和多核的几种方法，每个技术手段的人脸识别错误率如表 7-3-1 和图 7-3-2 所示。

表 7-3-1　数据库 ORL 上的人脸识别错误率

核函数组合	基本核函数	错误率
MKL-LDA 组合	ALL	7.78%
MKL-LDE 组合	ALL	10.00%
PCA 核函数	NO	25.00%
KPCA 核函数	高斯	22.22%
KLPP 核函数	高斯	20.00%
KDA 核函数	高斯	20.00%
KDE 核函数	高斯	17.78%

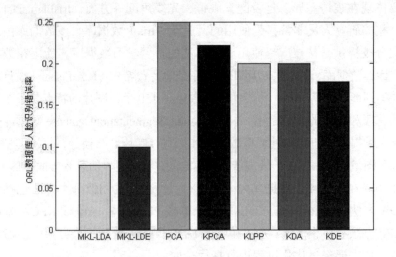

图 7-3-2　ORL 数据库上人脸识别错误率对比直方图

通过上述实验数据我们可以看到，多核 MKL-LDA 方法和多核 MKL-LDE 方法的错误率较低，在识别准确率上有显著提升，提升的百分比如表 7-3-2 所示。此外，从实验结果中我们也可以看到，相对传统的主成分分析 PCA 方法，基于核映射的非线性方法也增强了识别准确率。当存在了角度、照明和表情等异构元素时，PCA 方法会导致主成分分析失败。而对于其他核函数方法，它们都可以保持图像数据中的非线性特征，而在多核方法中，由于能够一起处理多种有效的核函数，能够面向每个核函数进行参数重新匹配，因此获得的识别准确率会提升。

表 7-3-2　ORL 数据库上 MKL-LDE 算法和 MKL-LDA 算法对比

识别准确率 提升效果　　其他技术 多核技术	PCA 方法	KPCA 方法	KLPP 方法	KDA 方法	KDE 方法
MKL-LDA 组合	23%	19%	15%	16%	12%
MKL-LDE 组合	20%	16%	13%	12%	10%

在 Yalefaces 数据库中，总共选择了 Yalefaces 数据库中的 165 幅人脸图像进行实验，这些人脸图像来自 15 位志愿者，训练样本和测试样本的选取比例为 6：5，其中 90 张图片是作为训练数据使用，1 个志愿者选出 6 张图片，75 张图片是作为测试数据使用，1 个志愿者选出 5 张图片。

相应的实验室结果如表 7-3-3、表 7-3-4 及图 7-3-3 所示。实验结果表明，在 Yalefaces 数据库上和在 ORL 数据库上的实验结果结论基本一致，这是由于两个数据库都是针对人类特征的数据库，区分度特征指标中都包括了光线、角度和表情在内等因素。

表 7-3-3　Yalefaces 数据库上的人脸识别错误率

核函数组合	基本核函数	错误率
MKL-LDA 组合	ALL	10.67%
MKL-LDE 组合	ALL	18.67%
PCA 核函数	NO	33.33%
KPCA 核函数	高斯	29.33%
KLPP 核函数	高斯	30.67%
KDA 核函数	高斯	20.88%
KDE 核函数	高斯	30.67%

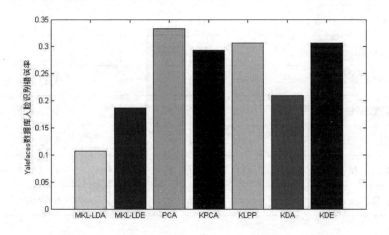

图 7-3-3　Yalefaces 数据库上的人脸识别错误率对比直方图

表 7-3-4　Yalefaces 数据库上的 MKL-LDE 算法和 MKL-LDA 算法

识别准确率提升效果 / 多核技术 \ 其他技术	PCA 方法	KPCA 方法	KLPP 方法	KDA 方法	KDE 方法
MKL-LDA 组合	34%	26%	29%	13%	29%
MKL-LDE 组合	23%	15%	17%	3%	17%

在鸢尾花数据库中，实验中选取了 150 幅图像，总共包括 3 类鸢尾花，训练数据和测试数据的比例为 4 ：1，其中 120 张图片作为训练数据使用，每种类型鸢尾花选出 40 张图片，30 张图片作为测试数据使用，每种类型类鸢尾花选出 10 张图片。

在该数据上的结果如表 7-3-5、表 7-3-4 及图 7-3-4 所示，通过实验结果我们可以发现，在鸢尾花数据库上，每个方法的图像分类错率均是可以接受的结果，但是多核方法 MKL-LDA 方法和 MKL-LDE 方法的分类正确率为 100％，达到了理想效果。出现 100％分类准确度的主要原因是鸢尾花数据库中数据的属性差别不大，对于每个鸢尾花样本，其所具备的属性信息只有 4 个数据，即花萼的长度和宽度及花瓣的长度和宽度，除此之外，鸢尾花的类别数也较少，仅有 3 种类。

表 7-3-5　鸢尾花数据库上的图像分类错误率

核函数组合	基本核函数	错误率
MKL-LDA 组合	ALL	0
MKL-LDE 组合	ALL	0
PCA 核函数	NO	3.33％
KPCA 核函数	高斯	3.33％
KLPP 核函数	高斯	3.33％
KDA 核函数	高斯	3.33％
KDE 核函数	高斯	6.67％

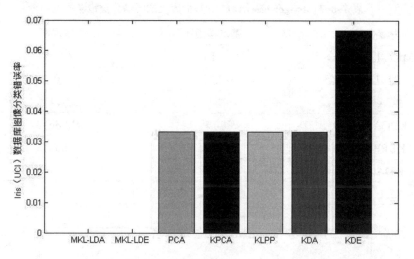

图 7-3-4　鸢尾花数据库图像分类错误率对比直方图

表 7-3-6　鸢尾花数据库上 MKL-LDE 算法和 MKL-LDA 算法的对比

识别准确率提升效果 其他技术 多核技术	PCA 方法	KPCA 方法	KLPP 方法	KDA 方法	KDE 方法
MKL-LDA 组合	3%	3%	3%	3%	7%
MKL-LDE 组合	3%	3%	3%	3%	7%

在数据库 ImageSegmentation 中总共有 2310 个数据，共有 7 个类别，每个数据的特征信息是多维的，有 19 个特征信息。本实验选择了 280 个数据，来自 7 个类别。其中训练数据和测试数据的比例为 3 ： 1，其中 210 张图片是作为训练数据使用，1 个种类选出 30 张图片，70 张图片是作为测试数据使用，1 个种类选出 10 张图片。

在该数据库上的结果如表 7-3-7、表 7-3-8 及图 7-3-5 所示，通过实验结果我们可以发现，由于 ImageSegmentation 数据构成相比之前的三个数据库更为复杂，因此各种分类方法在图像分类性能方面的区别度也比较直观。其中，多核 MKL-LDE 方法的分类结果都是正确的，多核 MKL-LDA 方法的分类准确率为 93％，仍然是效果最好的分类方法，而其他分类方法效果差别不大。

表 7-3-7　ImageSegmentation 数据库上的图像分类错误率

核函数组合	基本核函数	错误率
MKL-LDA 组合	ALL	7.14%
MKL-LDE 组合	ALL	0
PCA 核函数	NO	25.71%
KPCA 核函数	高斯	22.86%
KLPP 核函数	高斯	22.86%
KDA 核函数	高斯	15.71%
KDE 核函数	高斯	20%

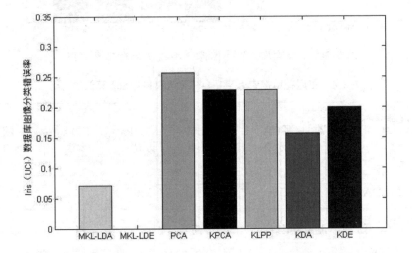

图 7-3-5　ImageSegmentation 数据库图像分类错误率对比直方图

表 7-3-8　ImageSegmentation 数据库上 MKL-LDE 算法和 MKL-LDA 算法的对比

识别准确率提升效果　其他技术 ＼ 多核技术	PCA 方法	KPCA 方法	KLPP 方法	KDA 方法	KDE 方法
MKL-LDA 组合	25%	20%	20%	10%	16%
MKL-LDE 组合	35%	30%	30%	19%	25%

　　在算法效率方面，各种方法的对比结果如表 7-3-9 所示，我们可以发现，多核方法的用时较多，效率较低，其主要的原因是主要是在基本核函数矩阵的

计算、多核矩阵构造、参数优化方程构造和参数优化方程求解过程中的计算操作数较多，进而引起了算法耗时较多，导致多核算法效率不如单核算法效率。

表 7-3-9　算法效率对比

识核函数算法效率（s）＼组合类型　数据库类型	MKL-LDA 组合	MKL-LDE 组合	PCA 组合	KPCA 组合	KLPP 组合	KDA 组合	KDE 组合
ORL 数据库	36.5	36.8	0.55	0.58	0.69	0.63	0.64
Yalefaces 数据库	7.0	7.5	1.3	1.3	1.5	1.2	1.6
鸢尾花数据库	4.6	4.4	0.04	0.03	0.03	0.03	0.04
ImageSegmentation	31.5	31.4	0.1	0.11	0.13	0.12	0.13

191

参考文献

［1］周志华. 机器学习［M］. 北京：清华大学出版社，2016.

［2］伊恩·古德费络，约书亚·本吉奥，亚伦·库维尔. 深度学习［M］. 赵申剑，黎彧君，符天凡，等译. 北京：人民邮电出版社，2017.

［3］李君宝，乔家庆，尹洪涛，等. 模式识别中的核自适应学习及应用［M］. 北京：电子工业出版社，2013.

［4］汤姆·米切尔. 机器学习［M］. 曾华军，张银奎，等译. 北京：机械工业出版社，2003.

［5］杉山将. 统计机器学习导论［M］. 谢宁，李柏杨，肖竹，等译. 北京：机械工业出版社，2018.

［6］埃塞姆·阿培丁. 机器学习导论［M］. 范明，译. 北京：机械工业出版社，2016.

［7］西格尔斯·西奥多里蒂斯，康斯坦提诺斯·库特龙巴斯. 模式识别［M］. 李晶皎，王爱侠，王骄，等译. 4版. 北京：电子工业出版社，2016.

［8］韦布，科普西. 统计模式识别［M］. 王萍，译. 3版. 北京：电子工业出版社，2015.

［9］西蒙·海金. 神经网络与机器学习［M］. 申富饶，徐烨，郑俊，等译. 北京：机械工业出版社，2011.

［10］李君宝，潘正祥. 一种基于核的监督流形学习算法［J］. 模式识别与人工智能，2008（03）：388-393.

［11］李君宝，高会军. 基于数据依赖核函数的核优化算法［J］. 模式识别与人工智能，2010（03）：300-306.

［12］王庆龙. 基于多核映射的图像特征提取算法［D］. 哈尔滨：哈尔滨工业大学，2013.

［13］甄玉美. 不同分辨力遥感图像目标识别系统研制［D］. 哈尔滨：哈尔滨工业大学，2018.